航天科技图书出版基金简介

航天科技图书出版基金是由中国航天科技集团公司于2007年设立的，旨在鼓励航天科技人员著书立说，不断积累和传承航天科技知识，为航天事业提供知识储备和技术支持，繁荣航天科技图书出版工作，促进航天事业又好又快地发展。基金资助项目由航天科技图书出版基金评审委员会审定，由中国宇航出版社出版。

申请出版基金资助的项目包括航天基础理论著作，航天工程技术著作，航天科技工具书，航天型号管理经验与管理思想集萃，世界航天各学科前沿技术发展译著以及有代表性的科研生产、经营管理译著，向社会公众普及航天知识、宣传航天文化的优秀读物等。出版基金每年评审1～2次，资助10～20项。

欢迎广大作者积极申请航天科技图书出版基金。可以登陆中国宇航出版社网站，点击“出版基金”专栏查询详情并下载基金申请表；也可以通过电话、信函索取申报指南和基金申请表。

网址：http：//www.caphbook.com

电话：（010）68767205，68768904

序

航天型号是一个大型复杂系统，涉及学科领域和承制单位众多，技术复杂，开发费用高，研制周期长，质量与可靠性要求高，协作面广。系统的质量与可靠性水平取决于设计，而设计质量取决于要求，不完整、不明确的要求会带来巨大的研制风险。这就需要在航天型号的论证、研制和生产中，尤其是在论证、研制的早期，结合工程实际，有效地开展质量与可靠性分析，把满足用户需求和预防故障的措施设计到系统中去。

质量功能展开（QFD）是一种分析、转换和展开用户需求的方法，尤其适用于产品开发的早期。故障模式、影响及危害性分析（FMECA）是一种对潜在故障进行预先分析的技术，适用于型号研制全过程，在我国航天科技工业推广应用已有10多年，成效显著。

这本论著的作者从20世纪90年代中期就开始了对QFD技术的跟踪研究和航天型号研制过程的应用研究，针对大型复杂航天系统的特点，提出了一种适合多因素、复杂系统中应用的多维结构的QFD分析模型。最近几年，本书作者又提出了“四屋一表”结构的房屋型FMECA模型，并提出了适于型号研制全过程的QFD与FMECA技术相结合的分析模型和实施程序，使得对用户需求的正向分析与对潜在故障的反向分析有机结合。这是我国质量与可靠性工作者在自主创新的探索中取得的研究成果，具有很好的工程应用价值，期望在推广应用中进一步完善、发展。本书将两种质量与可靠性技术的分析模型、软件工具和工程应用有机结合，既有一定的理论高度，又具有实用性。

朱明让

2010 年 12 月

前　言

质量功能展开（QFD）技术是一种直观地对顾客需求进行分析、转换和展开的分析方法，尤其适用于产品开发早期。它是通过一系列矩阵式图形进行权重计算和相关分析，对多因素进行系统展开和综合权衡，具有形象直观、适用面广、可操作性强的特点。QFD技术体现了“顾客至上”、“源头抓起”、“系统策划”和“定量化分析”等质量管理理念。

目前，QFD技术在全球范围，尤其是工业发达国家已经较为普遍地应用，但是在我国航天科技工业尚未得到推广应用。其中一个重要原因就是对于大型复杂产品，如卫星、运载火箭的研制工作，由于相关因素众多，通行的二维结构的QFD分析模型过于简单。

故障模式、影响及危害性分析（FMECA）技术作为一种故障预先分析技术，用于系统、规范地分析设计方案中所有潜在的故障模式及其所有产生的原因、发生概率、影响后果和危害程度等，在此基础上提出有针对性的措施。它具有简单易懂、适用面广、可操作性强的特点。FMECA技术突出了“预防为主”、“追求零缺陷”的质量管理理念。

目前，FMECA技术已经十分成熟，并得到普遍重视和广泛应用。我国航天科技工业推广应用FMECA技术已有多年。但是，目前应用的FMECA表的填写要求将所分析产品的各项功能的各种故障模式及其各种故障原因、故障影响等内容逐一列出，在表上形成了从左向右展开的树状结构，致使 FMECA 表的篇幅过长，尤其是不便于故障共同模式、共同原因的分析。

QFD 与 FMECA 的结合可以对其各自的局限性进行互补，使得对顾客需求的正向分析和转换与对潜在故障的反向分析有机结合。通过与 FMECA 结合，QFD 技术的分析模型按型号研制过程展开时，对潜在故障隐患和不确定因素的分析更加透彻，专家在进行重要度、相关度定量化评价时更有把握，解决措施更加具有针对性。通过与 QFD 技术结合，FMECA 的输入信息与顾客需求的联系更加密切，分析输出结果的应用更加具有系统性。

本书作者从 1995 年开始进行 QFD 技术的跟踪研究和航天产品研制过程的应用研究，针对大型复杂航天系统的特点，创新性地提出了一种适合多因素、多层次复杂系统中应用的多维结构的 QFD 分析模型——系统屋技术，作为对 QFD 分析模型的深化和扩展。最近几年，本书作者进一步完善了系统屋技术分析模型，创新性地提出了“四屋一表”结构的房屋型 FMECA模型和适于型号研制全过程的 QFD 与 FMECA 技术相结合的分析模型和实施程序。

2007 年年初，在本书所论述内容的研究课题技术成果鉴定会上，由中国科学院院士、运载火箭专家余梦伦，中国工程院院士、我国权威的质量管理专家刘源张，航天科技工业权威的质量与可靠性专家何国伟、邵锦成、朱明让等组成的成果鉴定组给出的鉴定结论指出，该课题的成果具有国内先进水平，其理论方法的研究成果是我国质量与可靠性专业自主创新的研究成果，具有很好的型号研制工程应用推广价值。同年，该课题获国防科技进步三等奖，开发的系统屋技术应用软件和房屋型 FMECA 软件均取得了国家版权局颁发的计算机软件著作权。

撰写本书的意图是，对在 QFD 和 FMECA 技术适用于大型复杂系统的应用性、扩展性研究的成果加以总结、整理，为大型复杂航天系统的立项论证、方案研究和工程研制工作提供具有推广价值的系统分析方法。

本书共分为 8 章，其主要内容如下：

第 1 章比较全面地介绍了 QFD 技术，包括 QFD 的产生与发展、QFD 技术的概念和特点、QFD 反映的核心理念、二维结构的质量表和质量屋式的 QFD 分析模型。

第 2 章着重论述适合大型复杂系统的多维结构 QFD——系统屋技术的分析模型，包括二维结构的 QFD 分析模型在大型复杂产品研制中应用的局限性及系统屋技术的提出、系统屋的功能和特点、系统屋的结构、系统屋和系统屋系列建立的程序、系统屋的分析方法，并介绍了系统屋技术应用软件。

第 3 章把系统屋技术及其应用软件作为一个定量化的系统分析工具，给出了系统屋技术在 CZ—×运载火箭总体方案论证中应用的案例。

第 4 章介绍了 FMECA 的产生与发展、FMECA 的概念和作用、FMECA 的类型、FMECA 的分析方式、FMECA 的实施过程和要点，为进一步提出和论述房屋型 FMECA 模型及与 QFD 的结合提供了基础。

第 5 章在分析 FMECA 列表式结构局限性的基础上，着重论述了在 FMECA 中引入 QFD 方法的质量屋矩阵式分析结构，把 FMEA 表和 CA 表扩展为对潜在故障模式、故障原因、故障影响、危害性分析和建议措施等的一组有机联系的房屋型矩阵式分析图表，即形成“四屋一表”式的 FMECA 模型，并阐述了房屋型 FMECA 的特点，介绍了房屋型 FMECA 应用软件。

第 6 章阐述了房屋型 FMECA 技术及其应用软件在对某型运载火箭动力分系统中增压系统故障进行分析的应用案例，以及分析人员通过案例对房屋型 FMECA 方法及其软件工具的评价。

第 7 章在简要分析 QFD 与 FMECA 的联系与区别的基础上，着重论述了 QFD 与 FMECA 相结合的分析模型，包括在型号研制生产全过程 QFD 与 FMECA 结合的模型、在型号研制各阶段 QFD 与 FMECA 结合的基本模型以及在论证阶段、方案阶段、工程研制阶段 QFD 与 FMECA 结合的模型。

第 8 章给出了 QFD 与 FMEA 的结合模型在 CZ—×运载火箭总体方案设计中的应用案例，阐述了应用系统屋分析模型对运载火箭总体方案进行正向分解展开和综合权衡，应用 FMEA 对系统级的潜在故障隐患进行反向分析，并把针对故障原因提出的建议和措施反馈、补充到系统屋中，再应用系统屋分析模型对各项措施进行综合权衡，从而完善系统方案。

本书的核心内容具有以下特点：

1）针对大型复杂系统的特点，对比较成熟的 QFD 和 FMECA 模型在理论方法上有所创新，使之更适合在大型复杂的航天产品论证、研制中应用；

2）将 QFD 和 FMECA 结合应用，并融入到型号研制各个阶段系统工程管理之中，从而克服单独、割裂地应用质量与可靠性技术的弊端，提高了应用效果。

3）将 QFD 和 FMECA 的分析模型、软件工具和工程应用案例有机结合，使本书的内容既具有理论性，又突出了实用性。

本书可供从事航天系统论证、研制的工程技术人员和质量管理人员使用，也可供从事航空、船舶、兵器等大型复杂产品研制的工程技术人员和质量管理人员，以及高等院校相关专业的师生参考。

中国运载火箭技术研究院的余梦伦、王小军，中国空间技术研究院的遇今、谷岩，中国航天标准化研究所的贺石彬、陈永宏、李福秋等同志参与了本书前期相关课题的研究工作；航天科技工业质量与可靠性专家何国伟、朱明让为本书申请航天科技图书出版基金资助专门写了推荐书；成都飞机设计研究所的邵家骏、中国航天标准化研究所的苗宇涛和中国宇航出版社的易新等同志为本书撰写和出版提供了许多帮助；中国航天标准化研究所卿寿松所长和中国宇航出版社石磊副社长等领导为本书的出版给予了大力支持和指导。在此，一并表示衷心感谢！

由于作者水平有限，书中难免有不当之处，恳请读者批评指正。

作　者

2010年10月

目录

第1章　质量功能展开(QFD)技术概述

1.1　QFD的产生和发展

1.1.1　QFD技术在日本的产生与发展

20世纪60年代中后期，日本三菱重工神户造船厂针对产品质量与可靠性问题，提出了质量表的雏形，通过这种质量表将顾客需求与如何实现这些要求的控制措施联系起来，用于定制的货轮的顾客需求分析和优化研制生产资源配置。这标志着质量功能展开（Quality Function Deployment）技术的问世。此后，日本著名的质量专家赤尾洋二教授等对QFD技术进行了理论上的深化和扩展性研究，并积极开展在企业的推广应用。日本科学技术联盟于1988年成立了QFD研究会，并从1995年开始每年举办一届国际QFD研讨会，积极组织开展QFD技术的交流和推广应用工作，促使QFD技术在方法研究与实际应用的结合过程中得以不断深化和扩展。

QFD技术在日本经过多年推广，其应用领域从机械制造发展到电子仪器、家用电器、服装、集成电路、合成橡胶、建筑设备、软件生产、服务业等。QFD技术已作为一种质量工程技术方法被列入戴明奖奖励范围。目前，已有数千个应用QFD技术的成功案例在日本《质量管理》、《标准化与质量管理》、《质量》等刊物上发表。据统计，QFD技术的成功应用可以为企业平均节约工程费用30%、缩短设计周期30%、降低项目启动费用20%、降低产品投放市场时间30%。

1.1.2 QFD 技术在全球的传播与应用

QFD 技术在美国的传播始于 1983 年福特汽车公司邀请日本著名质量专家石川馨带领日本科学技术联盟成员对美国公司的全面质量管理进行指导。同年，赤尾洋二教授等在美国质量协会会刊《质量进展》上发表题为“日本的质量功能展开和全公司范围的质量控制”的文章，并参加了在芝加哥举办的“全公司质量管理和质量展开”研讨班。通过这些活动，QFD 技术被逐步地传播到美国。

1984 年美国质量专家 Bob King 从日本归国后，率先在福特汽车上推行 QFD 技术。之后，美国的劳伦斯成长机会联盟/质量与生产力中心（Growth Opportunity Alliance of Lawrence/Quality，Productivity Center，GOAL/QPC）和美国供应商协会（American Supplier Institute，ASI）在美国开展 QFD 技术的培训和咨询，每年举办大规模的专题研讨会，大力推广 QFD 技术。美国的《质量进展》和《哈佛商业评论》从 1986 年至 1989 年发表了许多关于 QFD 技术的系列文章，引起美国企业界和学术界的极大关注，对 QFD 技术在美国的迅速传播起到了推动的作用。1989 年，由 GOAL/QPC 和 ASI 赞助，美国麻省理工学院（MIT）与罗克韦尔（Rockwell）国际公司共同成功举办了第一届北美 QFD 研讨会。之后每年举行一次，为企业发表 QFD 应用成果、交流成功经验提供了平台。

除福特公司外，通用、克莱斯勒等美国汽车企业都成功采用了 QFD 方法。其他许多著名公司也成功应用了 QFD 方法，如宝洁公司（P&G）应用 QFD 改进销售工作；数字设备公司（DEC）应用 QFD 改进内部的顾客/供应商关系；惠普公司（HP）将 QFD 用于改进硬件和软件产品的设计；英特尔（Intel）公司将 QFD 用于改进产品的稳健性；罗克韦尔国际公司将 QFD 用于新产品开发等。

目前，QFD 技术已经在全球推广。美国三大汽车公司共同制定的质量管理体系标准及在此基础上形成的汽车工业质量管理体系的国际标准也将 QFD 技术的应用作为要求纳入其中。ISO10014：2006

《质量管理—财务和经济效益实现指南》的主要内容是指导企业遵循8项质量管理原则，并提供了若干种适用的方法和工具，QFD技术名列其中。近年来，风靡全球的6σ管理和并行工程都把QFD技术作为一种重要的技术。随着全面质量管理的深入和6σ管理的推广，QFD技术已经在全球范围，尤其是发达工业国家广泛推行。

1.1.3　QFD技术在美国军事工业和宇航工业的应用

美国的军事工业也十分重视QFD方法的应用。许多美国军方的管理文件都把QFD技术列为应推广的质量工程技术，促使QFD技术在一些军事工业的高科技开发计划中成功应用。美国国防部在有关的AD报告中把QFD技术的应用作为实施并行工程的重要内容。例如，1987年美国空军颁布的《可靠性和维修性2000大纲》中，将QFD列为减少质量波动、提高产品可靠性的重要方法之一；1988年美国国防部发布DODD5000.51《全面质量管理》文件中也明确规定QFD为美军产品的供应商所必须采用的技术；美国国防部可靠性分析中心出版的《产品可靠性蓝皮书》也把QFD作为了解和分析客户需求的一种方法；美国国防部还把QFD的应用作为实施并行工程的重要内容。

美国军事工业和宇航工业结合军工产品和航天产品的研制特点，对QFD进行了扩展性研究和成功应用。例如，麦道公司在侦察机开发时，全部设计过程以CAD模型为基础，将QFD技术用于计算机系统结构；罗克韦尔公司应用QFD技术开发驾驶员逃逸系统；NASA刘易斯研究中心应用QFD技术为空间探测装置的核热推进系统进行系统分析，综合提出结构和选择关键需求；在NASA和美国空军空间系统部联合开发的先进发射系统过程中，QFD技术作为支持手段用于从概念到实施过程传递并跟踪顾客需求。

1.1.4　QFD技术在我国的引入与推行

1979年，由我国质量管理专家刘源张先生率领的质量管理实习团赴日本小松制造所学习全面质量管理，其中一个内容就是编制质量表。回国后，该实习团撰写的《实习报告》中有专门章节介绍了这项工作。这是我国第一份介绍 QFD 的公开资料。10 年后，《福建质量管理》刊登了日本质量专家水野滋和赤尾洋二论述 QFD 的有关著作。20 世纪 90 年代初，在日本留学的我国学者通过不断在国内质量管理期刊上发表文章，向国内介绍 QFD 理论和国际上 QFD 的最新发展动向。1994 年以后，受原国家技术监督局质量司邀请，赤尾洋二教授等日本研究 QFD 的专家多次来北京、上海等地举办 QFD 讲习班。与此同时，访美的国内质量专家从美国引入以质量屋分析模型为核心内容的 QFD 技术。

自 20 世纪 90 年代初，我国对 QFD 技术开展了一系列的研究和实践活动。2005 年，中国质量协会成立了 QFD 研究会，举办了第一届 QFD 高层研讨会。此后组织了多次 QFD 培训班。2008 年，中国质量协会成功举办了第 14 届 QFD 国际研讨会。从 2008 年开始，每年进行一次中国质量协会质量技术奖 QFD 优秀项目的评选。这些活动有效推动了国内对 QFD 的研究和推广应用工作。随着我国企业界对 QFD 了解的不断深入，许多企业应用 QFD 技术来提升质量竞争力，获取竞争优势。QFD 应用领域不断拓展，从国防科技工业到民用制造业、软件工程及系统开发、服务业、房地产、大学教育、政府职能运作等。

1.1.5 QFD 技术在我国国防科技工业的引入、研究与应用

从 20 世纪 90 年代，我国国防科技工业开始对 QFD 技术进行引入、研究与应用。当时的国防科工委组织了 QFD 技术的跟踪研究、应用研究、试点应用和推广工作，尤其是在航空、航天领域组织开展 QFD 技术的应用研究和型号试点应用。近年来，原国防科工委组织开展对 QFD 等质量工程技术的应用研究和推广应用工作，GJB/Z9004—2001《质量管理体系业绩改进指南》、《国防科技工业领导干部质量与可靠性培训教材》等把 QFD 作为重要的质量工程技术加以推广。

中国航天标准化研究所承担了QFD技术在航天产品研制中的应用研究、QFD与故障模式与影响分析（FMEA）技术综合应用研究及软件工具开发等课题，提出了一种尤其适合大型复杂产品研制生产应用的多维结构的QFD分析模型——系统屋分析技术，开展了QFD与FMEA技术结合应用研究，开发了应用软件，并与中国运载火箭技术研究院合作，将研究的方法与软件应用于我国CZ－×运载火箭的总体方案论证和总体设计，其研究与应用成果获得了国防科技成果三等奖，应用软件获得国家计算机软件著作权。

此外，成都飞机设计研究所在引入QFD技术方面做了大量的开拓性工作，并结合飞机型号研制进行了QFD技术的应用性研究和工程应用。中国船舶综合技术经济研究院将QFD技术应用于船舶建造工艺设计中。西安航天动力技术研究所将QFD技术应用于运载火箭发动机设计中的顾客需求分析，并考虑将QFD与实验设计（DOE）等方法相结合。中国北方发动机研究所将QFD技术应用于发动机产品的设计开发。

虽然，国防科技工业开展了QFD技术的跟踪研究、应用研究和试点应用等工作，但是，QFD技术尚未得到广泛的推广应用。

1.2　QFD的概念和特点

1.2.1　QFD的概念

日本质量专家水野滋、赤尾洋二等所提出的QFD分析模型，给出了广义的QFD和狭义的QFD的概念。水野滋将狭义的QFD定义为："将形成质量保证的职能或业务，按照目的、手段系统地进行详细展开。"广义的QFD，即QFD是由综合的质量展开和狭义的质量展开组成。综合的质量展开中质量的含义是多方面的，包括质量、成本和可靠性。赤尾洋二教授将其定义为："将顾客的需求质量转换成代用质量特性，进而确定产品的设计质量，经过各功能部件的质量，直到每个零件的质量和工序要素，系统地展开它们之间的关系。”日本质量专家提出的 QFD 概念的基本构成如图 1—1 所示。

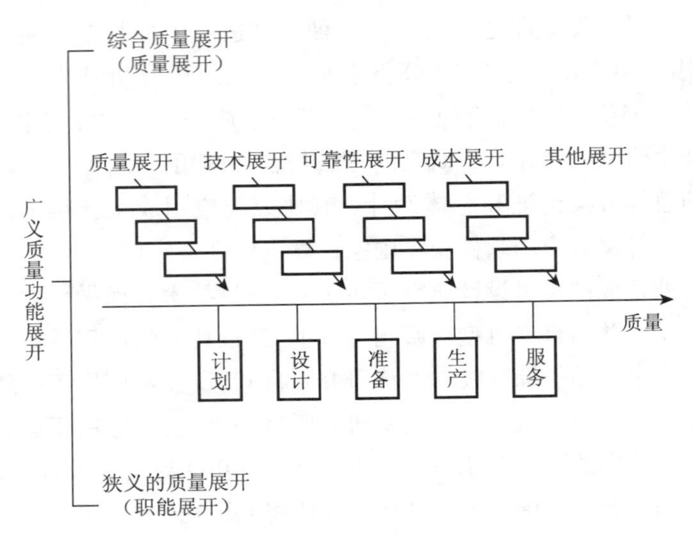

图 1—1　日本质量专家提出的 QFD 概念的基本构成

美国供应商协会的开创者 L·P·沙利文认为：“QFD 作为一个总体概念，提供了一种方法，通过这种方法，可以在产品开发和生产的每个阶段把顾客需求转变为适当的技术要求。”可见，沙利文把 QFD 定义为一种方法，看作一种过程。另一位美国专家 L·科伦认为：“QFD 是一种结构化的产品计划与开发方法，该方法使得产品开发小组能够清楚地了解顾客的需求，并能对所提出的产品或服务的性能，根据其对顾客需求的满足程度系统地进行评价。”

通过分析国外质量专家对 QFD 的论述，我们认为，QFD 技术是一种直观地把顾客或市场的需求逐步转化、展开、分解的多层次演绎分析方法。它是通过建立用图形表示的一系列量化评分表、相关矩阵的组合，对顾客需求、工程措施、需要条件等影响质量的因素和指标进行细化分解、加权评分、相关分析、权衡分析以及反复迭代，最后达到系统优化、逐步展开和综合权衡。

1.2.2　QFD 的特点

QFD 技术具有下列特点：

1）适用面广，可以用于产品开发、质量管理体系建立、决策支持分析、规划展开落实，尤其适用于产品开发研制中的顾客需求分析、总体规划和系统设计；

2）以满足市场和顾客需求为出发点，深入地分析顾客需求，分解顾客的需求，在产品开发全过程系统地传递“顾客的声音”，将顾客的需求分解、转换为工程要求、技术和管理措施；

3）用于产品开发或一项管理活动的开始，系统分析和综合权衡所有因素，包括质量、成本、进度等，对定性问题进行定量化分析和展开，寻找和解决关键问题，作为实施并行工程的重要工具，以实现“大质量观”，即同时达到提高质量、降低成本和按时交货的要求；

4）应用图形技术对产品实现全过程和影响质量的多因素进行系统展开和综合权衡，分析模型直观、形象，可操作性强；

5）可以对定性问题进行定量化分析和展开，寻找和解决关键问题，作为开展 6σ 管理和实施并行工程的重要工具；

6）可以与创新性解决问题理论（TRIZ）、价值工程、田口方法、实验设计、故障模式与影响分析、故障树分析（FTA）、亲和图法（KJ）、矩阵图法、系统图法、层次分析法（AHP）、头脑风暴法(Brain Storming)、模糊评价技术、统计过程控制（SPC）等方法有机结合、相互补充，构成一个质量工程技术体系，在产品开发、目标管理等活动之中灵活应用，尤其是复杂产品研制生产过程中组合式应用，以实现产品研制生产全过程的整体优化。

1.3　QFD 反映的核心理念

QFD 技术作为一种识别和分析“顾客的声音”并将其系统性地转化为工程和管理措施的方法，一种事前的策划和系统分析的方法，一种能够把定性问题转化为定量化分析的方法，体现了全面质量管理的“顾客至上”、“源头抓起”、“标杆管理”、“系统策划”、“定量化分析”和“多学科协同”等一系列先进的管理理念。QFD 的分析模型是其外在的“形”，而 QFD 反映的理念是其内在的“神”。研究和应用 QFD，不仅要应用其分析模型，更要理解和落实这些理念。

1.3.1 顾客需求牵引

QFD 强调产品设计与开发必须以顾客的需求为出发点，在产品开发生产过程传递“顾客的声音”，努力满足顾客需求和期望，以实现顾客满意和顾客忠诚为最终目标。顾客的需求、偏好和期望应成为整个产品开发过程的关键驱动因素。理解和传递顾客需求是 QFD 最重要的理念。

1.3.2 从源头抓起

产品质量主要形成于产品实现的早期，即产品设计阶段。产品寿命周期成本绝大部分在产品设计阶段就已经确定了，而且在质量问题中相当一部分，甚至绝大部分是由不良的产品设计造成的。产品的设计质量对于顾客满意而言具有“质量杠杆效应”。QFD 技术最适合作为产品开发早期阶段顾客需求分析和多因素综合权衡的工具。

1.3.3 关注竞争性

QFD 强调通过市场竞争性分析和技术竞争性分析，将本企业产品与选定的其他同类产品进行比较，力争设计开发出超越竞争对手的竞争性产品。

1.3.4 体现系统性

QFD 从满足顾客和市场需要出发，通过市场调查确定系统目标并把它展开到工程措施。这种方法明确了系统内部各要素之间的联系，而且把这种关系定量化，保证了从顾客和市场需求、产品特性、零部件质量、工艺要求到工序要求等多因素的系统展开和转换。

1.3.5　定量化分析

QFD的一个重要特点就是对顾客需求、竞争能力等定性要素进行量化分析，转化为工程或管理措施，并提出量化的工程指标，通过对顾客需求重要度、关系矩阵以及竞争能力等影响质量的因素进行量化评估，可以提高QFD技术的应用效果。

1.3.6　多学科协同

应用QFD技术强调，按照分析的对象建立一个多学科小组是产品开发与设计成功的关键。跨专业、多学科的产品开发小组的组建可以打破各部门、各专业之间的障碍，系统地分析各方面的相关因素，并有效地促进交流与协作。

1.4　质量表式的QFD分析模型

1.4.1　质量表式的QFD分析模型的结构

日本质量专家赤尾洋二教授认为，QFD可以看作是由一系列关系组成的网络，通过这一网络，顾客需求被转化为产品质量特征，产品的设计则通过顾客需求与质量特征之间的关系被系统地展开到产品的每个功能组成中，并进一步展开到每个零部件和生产流程中，通过这一过程，最终实现产品设计。

赤尾洋二教授提出的QFD分析模型如图1－2所示。它包括两个方面：一是综合的质量展开，即针对产品的综合质量展开是从用户和市场对产品语言性调研信息出发，以质量表的质量展开为起点，横向经过技术展开、可靠性展开、成本展开，纵向经过功能展开、零部件展开、工艺方法展开；二是狭义的质量功能展开，又称质量职能的展开，是指有关质量管理的业务职能的展开。

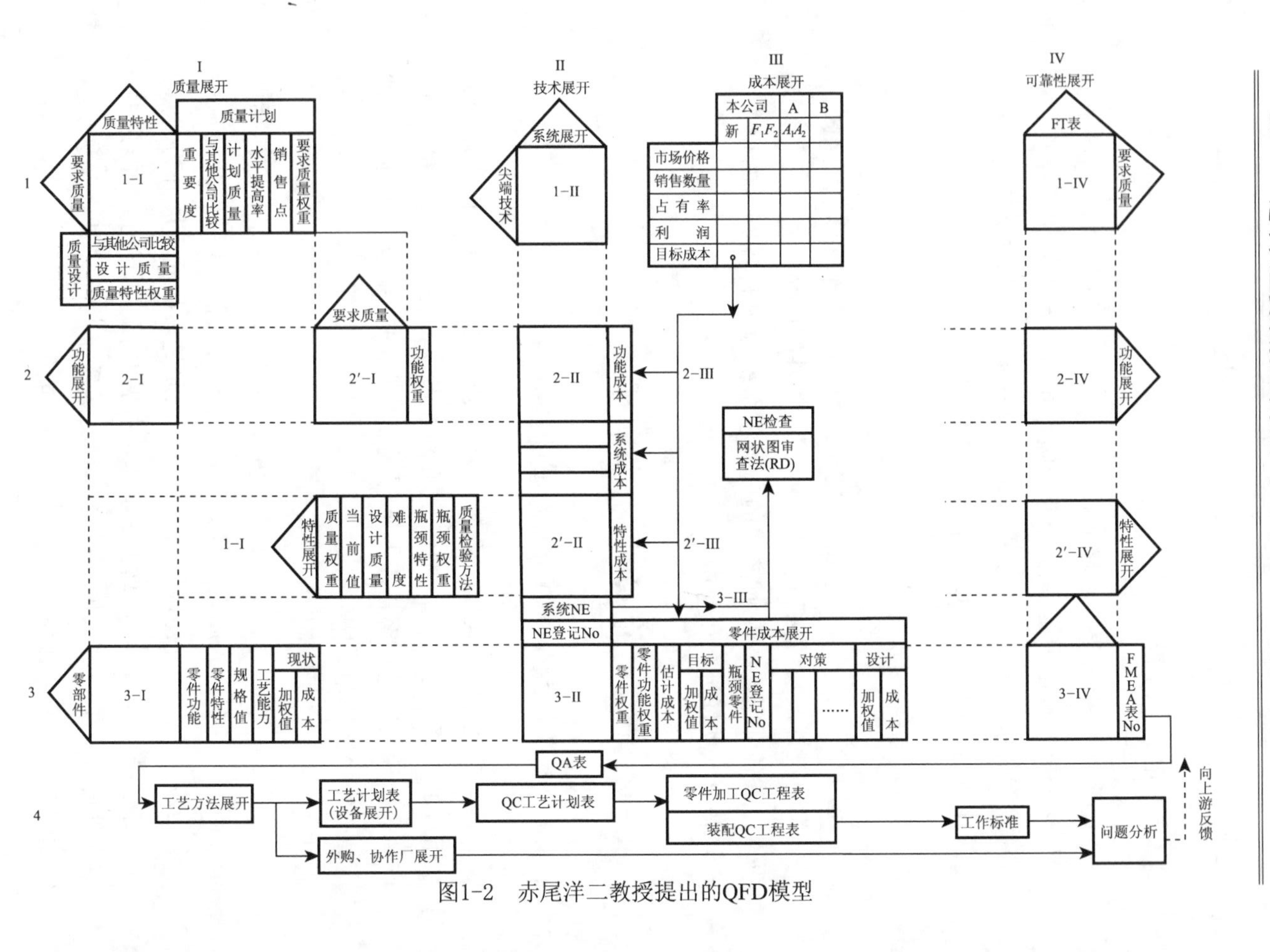

图1-2 赤尾洋二教授提出的QFD模型

1.4.2　质量表式的QFD分析模型的内容

在图1—2中，综合的QFD分析模型包括以下几个方面。

1.4.2.1　质量展开

质量展开是通过绘制质量表而进行的。质量表的基本结构如图1—3所示。根据企业特点和产品特点，质量表的构成和内容可以有所变化。

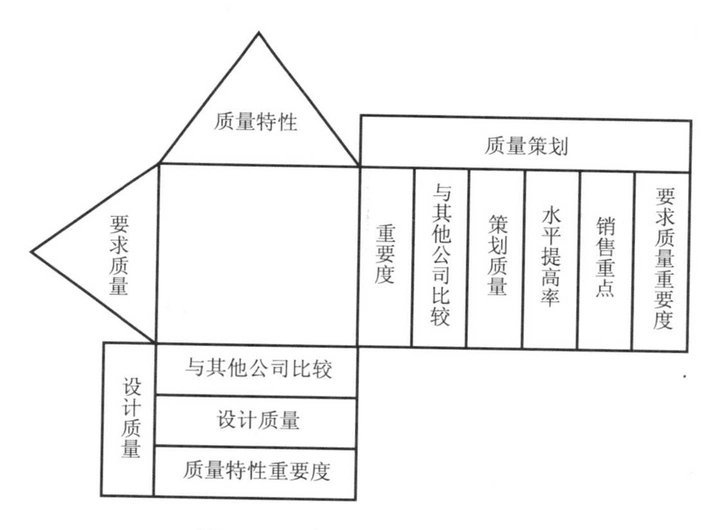

图1—3　质量表的构成与内容

质量展开的过程就是绘制质量表的过程，其具体步骤如下：

1）收集原始信息；

2）将原始信息整理、分类，并从顾客的角度用简洁的语言表述，从而将原始信息变换成要求质量，如若干项顾客需求；

3）绘制要求质量展开表，把各项要求质量分解、细化，应用顾客调查问卷打分等方法确定要求质量重要度；

4）针对顾客的要求质量，提出可度量的企业质量要素，作为顾客要求质量的代用特性；

5）利用亲和图法对质量要素进行分类，绘制质量要素展开表；

6）绘制要求质量展开表与质量要素展开表形成的矩阵表，在矩阵表中应用表示相关度的数值或符号来表明两个表中对应项的对应关系；

7）按各质量要素，将与之相关的要求质量的相关度分别乘以要求质量的相对重要度，再累加，并按百分比规范化，从而把要求质量的重要度转化为质量要素的重要度；

8）将重要的质量要素的质量特性值与竞争对手的产品相比，从而确定本企业的设计质量。

1.4.2.2 技术展开

技术展开具体包括功能展开、装置展开、零部件展开和工序展开等主要内容，最主要是抽出“瓶颈”，包括“原材料瓶颈”、“加工方法瓶颈”和“工序瓶颈”等。

（1）功能展开

功能展开的内容和步骤如下：

1）功能表达；

2）绘制功能展开表；

3）绘制要求质量展开表与功能展开表的矩阵图；

4）绘制功能展开表与质量要素展开表的矩阵图；

5）计算功能重要度。

（2）装置展开

装置展开就是提出、分析、细化实现功能的机制、原理和手段。其主要内容和步骤如下：

1）提出实现功能的装置，绘制装置展开表；

2）绘制功能展开表与装置展开表的矩阵图；

3）计算装置重要度；

4）寻找、分析现有技术和条件解决装置的难点，将其称为“瓶颈”，以便进行攻关，加以重点解决。

(3) 零部件展开

零部件展开也可以是子系统展开。其主要目的是抽出制造工序中应该重点管理的零部件及其质量特性，主要内容和步骤如下：

1) 绘制零部件展开表；

2) 绘制零部件展开表与质量要素展开表的矩阵图；

3) 绘制装置展开表和零部件展开表的矩阵图；

4) 确定重要零部件，并分析零部件的功能、生产工序能力。

(4) 编制质量计划表和作业指导书

这一工作的目的就是把质量要求从设计传达到制造中，其主要内容如下：

1) 编制质量计划表，明确质量特性和允许波动范围、期望值对上下系统的影响等；

2) 研究和确定作业方法，包括工程方法及对质量特性的影响、加工成本、难易程度、所需时间等；

3) 制定作业标准和检验标准；

4) 编制作业指导书。

1.4.2.3　可靠性展开

可靠性展开就是把故障模式和影响分析、故障树分析与质量展开和技术展开相结合，寻找重要的故障模式，其主要内容如下：

1) 把故障树转换为故障展开表；

2) 绘制故障展开表与要求质量展开表的矩阵图，通过它把要求质量重要度转成故障模式的重要度，找出重要的故障模式；

3) 绘制故障展开表与质量要素展开表的矩阵图；

4) 绘制故障展开表与功能展开表的矩阵图；

5) 绘制故障展开表与零部件展开表的矩形图。

1.4.2.4　成本展开

成本展开是结合质量的展开、技术展开和可靠性展开，把目标成本转换、分配为功能成本、装置成本、零部件成本，从而以成本可行性和最优化的角度发现和分析关键难点，即成本瓶颈，以协调功能、装置、可靠性、成本的关系。其主要内容如下：

1）设定目标成本；

2）求出功能成本，即依据功能重要度分配目标成本；

3）求出装置成本，即通过矩阵图把功能重要度转换为装置重要度，再据此分配目标成本；

4）通过功能重要度到零部件重要度的转换，求出零部件成本；

5）发现、分析关键难点。

1.5 质量屋式的 QFD 分析模型

美国质量专家认为 QFD 是指把顾客的期望和需求，即“顾客的声音”转换为公司内部的语言并加入传递的一个系统。美国质量专家并不是简单照搬日本的 QFD 分析模型，而是不断提出新的 QFD 模型，采用易懂的术语，将其分析模型的结构以房屋结构加以描述，将其形象地称作“质量屋”（House of Quality，HOQ）。目前，在全球多种 QFD 分析模型中，质量屋是最通用的分析模型。

1.5.1 质量屋的结构

质量屋的结构如图 1—4 所示。

按照质量屋的结构来构建质量屋的过程，就是应用 QFD 技术进行分析的过程。根据图 1—4 的内容，质量屋包括以下几个部分。

1.5.1.1 “左墙”

这一部分用于分析和确定顾客需求及其重要度 K_i。顾客需求是质量屋的输入信息，应简明地描述顾客对产品的需要和期望。顾客需求的信息应通过充分的市场调研和走访顾客等方法来取得，在此基础上加以系统地梳理，然后通过直接打分法、排序法或层次分析法等方法来评定各项顾客需求的重要度。

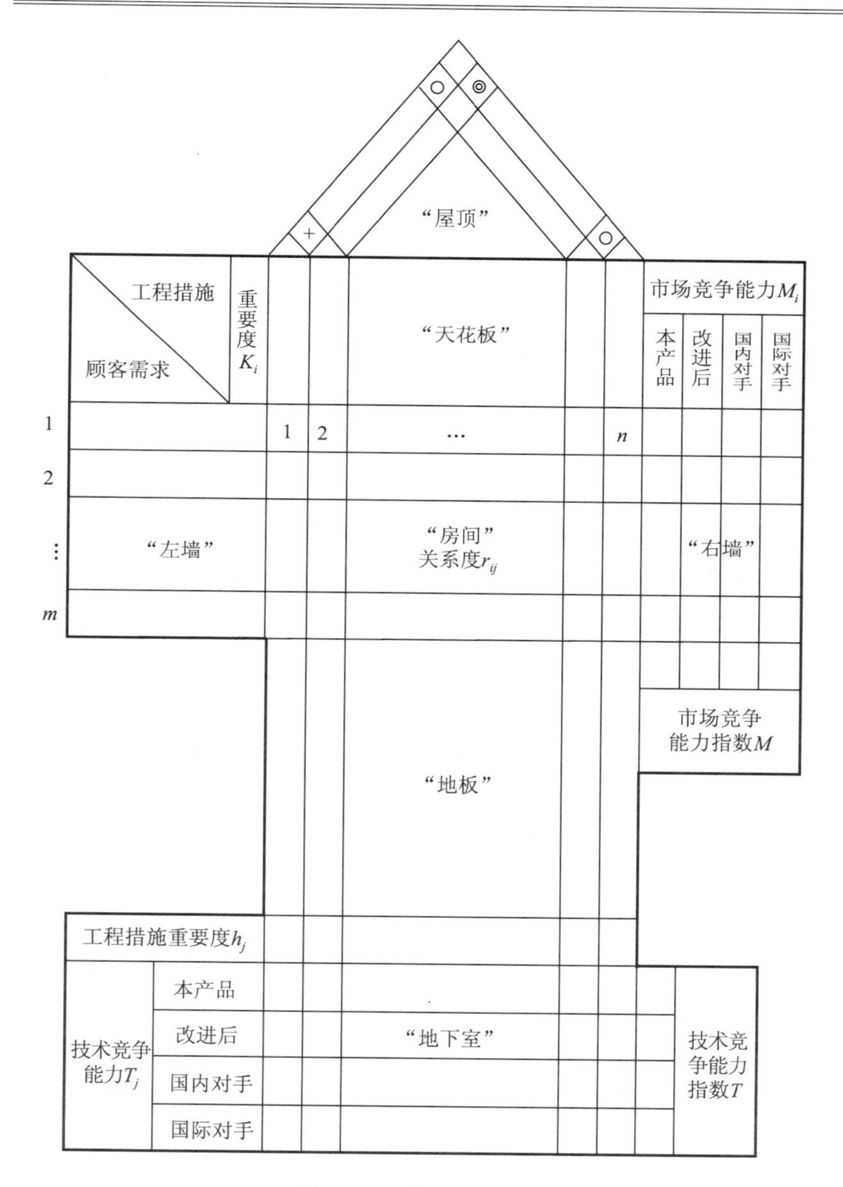

“屋顶”
+
工程措施
顾客需求
重要度K_i
“天花板”
市场竞争能力M_i
本产品
改进后
国内对手
国际对手
1
2
⋮
m
1
2
…
n
“左墙”
“房间”
关系度r_{ij}
“右墙”
市场竞争能力指数M
“地板”
工程措施重要度h_j
技术竞争能力T_j
本产品
改进后
国内对手
国际对手
“地下室”
技术竞争能力指数T

图 1—4　质量屋的结构

1.5.1.2 “天花板”

这一部分用于提出工程措施，即针对各项顾客需求逐一列出相对应的工程措施，包括技术措施和管理措施。这些措施的有效实施能够使所有的顾客需求得以实现。

1.5.1.3 “房间”

这一部分用于分析顾客要求与工程措施的关系度 r_{ij}。这里，顾客需求与工程措施形成关系矩阵，反映从顾客需求到工程措施的映射关系，表明各项工程措施对各项顾客需求的贡献和相关程度。

1.5.1.4 “地板”

这一部分用于确定工程措施指标及其重要度 h_j。分析本企业产品与竞争对手产品在各项工程措施上的满足程度，结合调查结果，初步确定工程措施指标，并根据顾客需求的重要度和关系矩阵，确定工程措施的权重。

1.5.1.5 “屋顶”

这一部分用于分析工程措施之间的相关度，形成三角形的相关矩阵，分析各项工程措施之间的影响，发现工程措施之间的重复或不协调之处。

1.5.1.6 “右墙”

这一部分用于分析市场竞争能力 M_i，旨在确定顾客对本产品及竞争对手产品的评估信息。

1.5.1.7 “地下室”

这一部分用于分析技术竞争能力 T_j，根据企业现有技术能力及技术发展战略设定新产品对每项工程措施的实现水平，用量化分值进行评估。

最后，应对市场竞争能力和技术竞争能力进行综合评价。

实际应用中可根据具体要求对质量屋结构的部分内容进行裁剪。

"左墙"和"天花板"部分是最基本的内容。

1.5.2 质量屋分析程序

应用QFD的工作程序主要就是构建质量屋的过程。下面给出质量屋构建的过程及其内容和注意点。

1.5.2.1 确定应用QFD的项目

涉及多因素的相对比较复杂的产品的研发方案和总体设计等工作，可以考虑作为应用QFD的项目。

在现有产品某项质量改进、某个零部件或局部工艺的改进、设计缺陷改进等硬件产品开发以及分解落实目标、方案选择时则可根据其涉及面的大小，决定QFD项目的立项。

应用QFD技术时通常应遵守由易到难的原则。开始时选择规模适当的项目，如产品的改进或改型，为在大型复杂产品开发中应用QFD技术打下基础。

1.5.2.2 成立多功能综合QFD小组

在较为复杂产品的研制生产项目中应用QFD技术，行之有效的方式是成立一个多功能的跨专业的综合的QFD工作小组。其成员根据项目的需要而定，可能需要市场营销、计划管理、质量管理、财务成本、设计、工艺、加工、采购、售后服务等方面的人员。为了更充分地分析和准确地把握顾客的需求，可邀请顾客代表参加QFD小组。当QFD分析对象为解决某项质量问题、修改某个部件的设计或改进某工艺时，QFD小组成员的范围可适当减少，只要有相关的设计、工艺人员参加即可。QFD小组的负责人应由熟悉该项工作情况的技术人员或管理人员来担任。

在QFD项目实施的过程中，QFD小组成员应用各自的工程技术知识和经验，提出将会遇到的问题，形成协调一致的解决问题的方法，侧重克服设计和生产中存在的各种风险，确保工程过程中不出现致命缺陷。最好确定一名小组成员，全面记录整理QFD小组活动开展过程中的情况，并形成分析报告。

1.5.2.3　顾客需求的确定

在理解顾客需求的基础上，进行顾客需求的收集和分析是应用 QFD 的首要环节，必须给予充分的重视。在国外，这一过程被称为收集“顾客的声音”（Voice of the Customer，VOC）。这里“顾客”是一个广义的概念，除了产品使用者和潜在使用者外，必要时还应包括主管部门、分销商、产品维修人员等，以及在产品寿命周期内关系密切的组织和人员。对于大型复杂产品的开发，“顾客的声音”将来自更多的方面。

为了全面收集顾客的信息，要从以下几方面入手：

1）合理确定调查对象。一般来说，在开发新产品时应重点调查所开发产品的潜在顾客；在对现有产品进行更新换代时，应首先重点调查现有产品的顾客。

2）市场调研。要深入到产品使用现场，通过设计和选用调查表，实施重点调查或抽样调查，通过召开顾客代表座谈会等形式了解和归纳顾客对未来产品的需求。

3）同类产品质量跟踪和售后服务信息分析。了解现有产品中令顾客满意或抱怨的质量特性。

4）将有关的政策法规、标准、规范等纳入顾客需求或作为产品开发的约束条件。

5）分析公司的战略和策略在产品开发中的贯彻方式，提炼出必要的顾客需求。

6）产品发展的现状与趋势分析。通过多种手段收集信息，并对其进行分析，把握产品发展方向，结合 QFD 小组的头脑风暴会议，对上述方式得出的顾客需求进行筛选和补充。

收集到的顾客需求信息，其内容往往涉及功能、质量、价格、进度等多个方面，其形式有要求、意见、抱怨、评价、希望，需要把这些信息整理转换为用简单、规范语言表达的信息，即对作为 QFD 分析输入的顾客需求的表达有一定的要求，主要包括：

1）用语简洁，无歧义；

2）一项顾客需求只表达一个特定的意思；

3）不把对应的工程措施（技术解决方案）作为顾客需求；

4）便于工程人员理解；

5）同一级别的顾客需求彼此独立，内容无重复交叉。

“顾客的声音”提供了原始的顾客需求，应按照上述原则和采用科学的方法对“顾客的声音”进行分解、归并、筛选，对用语进行规范化处理，以便于工程人员据此提出相应的解决方案。

整理顾客需求可采用亲和图法。这种方法主要是把收集到的杂乱无章的文字资料，如收集来的事实、意见、设想，按其相互接近性质加以归类、合并、作图，从中找到解决问题的方法。

对于简单的产品，顾客需求可能只有一级；对于稍复杂的产品，为了深入细致地分析顾客对产品的需求，可能会建立多级顾客需求。建立质量屋时，提取前两级或前三级顾客需求即可。

大型复杂产品，如卫星等航天产品，与一般产品相比具有如下特殊性：

1）顾客数量少，顾客对产品研制生产过程介入深，收集顾客需求有很强的针对性，不同于家电行业等要采用随机抽取顾客来征求意见的做法；

2）生产批量小，针对具体类型的产品展开顾客需求的调查；

3）顾客高层领导具有决定权；

4）类似产品的数据在一定程度上可以作为满足顾客需求的参照依据。

大型复杂产品顾客需求的来源通常有以下途径：

1）研制总要求、研制任务书中提出的总体性能指标、接口要求、可靠性指标等；

2）向主管机关和使用部门进行调查、询问得到的意见、建议、要求等；

3）相关产品标准、规范、技术管理文件；

4）专业机构及行业研究的结果；

5）国外同类产品的资料；

6）立项投标过程的资料。

1.5.2.4　顾客需求重要度的确定

QFD 小组要通过归纳整理得到顾客需求，但这些需求不是同等重要，需要对每一项需求进行重要性分析，给出权重系数作为该项需求的重要度，把定性问题定量化。

确定顾客需求重要度的最常用方法是加权评分法，即 QFD 小组成员以相关知识和工作经验为主要根据，确定各项顾客需求的重要度的分值。这种方法简便易行，在工程上广泛使用，但受数据准确度、小组成员经验和水平的影响。

顾客需求的重要度 K_i（$i=1, 2, \cdots, m$）的等级可用 1、2、3、4、5 这 5 个数值来表示：

1——不影响功能实现的需求；

2——不影响主要功能实现的需求；

3——比较重要地影响功能实现的需求；

4——重要地影响功能实现的需求；

5——基本的涉及安全的特别重要的需求。

顾客需求重要度也可用权重的形式表达，即

$$K'_i = \frac{K_i}{\sum_{i=1}^{m} K_i}$$

鉴于这种方法确定的顾客需求重要度有较大的主观性，最终应由技术负责人确认数值。

1.5.2.5　市场竞争能力分析

在进行顾客需求分析的基础上，对新开发产品的市场定位进行策划。与竞争对手的产品进行水平比较，分析新产品对每一项顾客需求的满足程度，并得出本产品、改进后产品及竞争对手产品的市场竞争能力，以此进行竞争能力分析。这一过程形成了质量屋的“右墙”。

首先要进行市场竞争能力比较分析，评定现有产品和竞争对手产品的竞争力。在可能的情况下，把这些产品摆放在一起，客观地评估它们对各项顾客需求的满足程度，并量化打分。常用的评分准则如下：

市场竞争能力 M_i（$i=1, 2, \cdots, m$）的等级可用下列5个数值来表示：

1——无竞争能力可言，产品积压，无销路；

2——竞争能力低下；

3——可以进入市场，但并不拥有优势；

4——在国内市场竞争中拥有优势；

5——在国内市场竞争中有较大优势，可以参与国际竞争，占有一定的国际市场份额。

其次要对新产品的市场竞争能力进行定位。对各项顾客需求，从企业技术能力、物资保障条件和发展策略入手确定新产品应达到的市场竞争能力，并给出量化分值，必要时修正顾客需求满意度。

在对市场竞争能力 M_i 进行综合分析后，获得产品的市场竞争能力指数 M，即

$$M = \frac{\sum_{i=1}^{m} K_i M_i}{5\sum_{i=1}^{m} K_i}$$

若计算出的新产品市场竞争能力数值低于企业的产品开发目标，则要重新设定新产品对各项顾客需求的满足程度，根据技术可行性适当提高量化分值。在选择工程措施时，要保证工程措施所确定的技术方案足以支持新产品达到所设定的市场地位。

1.5.2.6　工程措施的确定

针对如何满足每一项顾客需求、系统分析产品应具有何技术措

施或管理措施，填入质量屋的“天花板”。应从整体着眼提出工程措施，而不仅是从现有产品的零件及工艺技术要求中总结得出，以免限制产品的设计方案，影响创造力发挥。对于所选择的工程措施，应有助于提出量化的指标，以便对该项工程措施的实现方法和可实现程度进行科学评估。

QFD 技术应用于大型、复杂产品的开发时，可能对顶层的工程措施难以量化，此时工程措施及其指标的组合应能为后续的方案研究等工作指明方向，使设计人员可据此判断设计工作是否偏离轨道。初步得到工程措施后，应用亲和图对其进行整理。

工程措施的确定与顾客需求和市场竞争能力的分析密切相关。例如，第 i 项顾客需求权重很高，而对应的第 j 项工程措施的技术水平很低时，应考虑能否进行技术改造或设计、工艺方法的改进，以保证产品在第 i 项顾客需求方面的市场竞争能力。若第 j 项工程措施的技术水平受条件制约，确实难以提高，可考虑采用其他的工程措施来满足顾客需求，以此保证新产品市场竞争能力。

1.5.2.7　关系矩阵的建立

质量屋的房间用来分析顾客需求和工程措施之间的相互关系。在建立关系矩阵时，应邀请有经验的专家进行座谈，尽可能分析清楚顾客需求与工程措施的关系，在此基础上定量化确定两者的相关程度。

用 r_{ij} 表示关系度，量化评估标准，建议采用 1、3、5、7、9 这 5 个数值表示关系度等级：

1——该交点对应的工程措施和顾客需求之间存在微弱的关系；

3——该交点对应的工程措施和顾客需求之间存在较弱的关系；

5——该交点对应的工程措施和顾客需求之间存在一般的关系；

7——该交点对应的工程措施和顾客需求之间存在密切的关系；

9——该交点对应的工程措施和顾客需求之间存在非常密切的关系。

根据实际情况，必要时也可采用2、4、6、8中间等级，这样相关性分析会更加准确，但更加复杂，难以把握；也可采用1、5、9这3个等级以简化分析。

1.5.2.8　技术竞争能力分析

分析现有产品及竞争对手的产品对各项工程措施的满足程度，初步确定工程措施指标。由于工程措施通常是从技术的角度提出的，表示为各种具体的设计要求，因此，针对某一项工程措施评估产品达到的技术水平时，应考虑是否能找到技术上的评价标准，以提高量化评分的可信度。

在设定新产品的技术竞争能力分值时，应考虑技术上的可行性，并对工程措施的指标进行相应修正，对需要实施的技术改造和技术攻关进行初步规划。完成量化评分后，计算这些产品的技术竞争能力和综合竞争能力。

技术竞争能力 T_j（$j=1, 2, \cdots, n$）表示第 j 项输出因素的技术水平。技术水平包括技术指标本身的水平，本企业的设计水平、工艺水平和测试检验水平等，可采用下列5个数值表示：

1——技术水平低下；

2——技术水平一般；

3——技术水平达到行业先进水平；

4——技术水平达到国内先进水平；

5——技术水平达到国际先进水平。

在对技术竞争能力 T_j 进行综合后，获得产品的技术竞争能力指数 T，即

$$T = \frac{\sum_{j=1}^{n} h_j T_j}{5\sum_{j=1}^{n} h_j}$$

T 的值越大说明技术竞争能力越强。

综合竞争能力指数是市场竞争能力指数与技术竞争能力指数的

乘积，即

$$C=MT$$

C、M、T 的值越大越好。

若得出的新产品的竞争能力不符合企业的产品发展战略，则要重新确定相应的技术保证措施，并设定新产品的竞争能力分值。

1.5.2.9 相关矩阵的确定

确定相关矩阵就是分析各项工程措施之间的交互作用，使各项工程措施相互协调，不重复。工程措施之间的相互关系可分为正相关、强正相关、负相关、强负相关和不相关。通常用下列符号表示相关度：

1）○（正相关），表示该交点所对应的两项工程措施间存在互相加强、互相叠加的交互作用；

2）◎（强正相关），表示该交点所对应的两项工程措施间存在很强的互相叠加的交互作用；

3）×（负相关），表示该交点所对应的两项工程措施间存在互相减弱、互相抵消的作用；

4）♯（强负相关），表示该交点所对应得两项工程措施间的作用强烈排斥，有很大矛盾；

5）空白，表示该交点所对应的两项工程措施间不存在交互作用。

在进行了工程措施之间的交互作用分析后，在质量屋屋顶对应的菱形空格中做出相应的标记，如图 1－4 所示。根据工程措施之间的相关分析，对重复的、不协调的，甚至相互排斥的工程措施及其指标的选取进行深入的权衡分析，并对工程措施进行调整。

1.5.2.10 工程措施指标的确定

确定工程措施指标就是尽量给出功能要求、设计参数和工艺变量等定量化指标。应参照以下原则对工程措施指标进行必要的评估和完善：

1）为彼此负相关或强负相关的工程措施设定指标时应进行权衡，因为它们对应的技术要求互相矛盾，不可能都按高标准取值；

2）可参照国内同类产品先进水平或国际先进水平设定指标，以开发世界领先或国内领先的产品；

3）对于重要度高或保持企业竞争优势作用重大的工程措施应按高标准设定指标，必要时对为此导致的成本和工作量的增加寻求管理层的支持；

4）如果受到本企业技术条件限制，则工程措施的指标设定要实事求是，着眼于总体方案的优化；

5）对重要度不高的工程措施，应结合成本控制确定其指标。

应注意，工程措施及其指标的选择与产品技术方案的确定是相互影响的。通过工程措施的组合形成了产品的初步设计方案，应对此方案进行全面的评估与优化，并根据优化的结果对工程措施进行必要的调整。工程措施的调整应以支持产品设计方案总体性、全局性优化为首要原则。

1.5.2.11　工程措施重要度的确定

工程措施的各元素对顾客需求的相关重要度 h_j 为

$$h_j = \sum_{i=1}^{m} r_{ij} K_i$$

如果第 j 项工程措施与多项顾客需求均密切相关，并且这些顾客需求较重要（K_i 的值较大），则 h_j 的取值就较大，即该项工程措施较重要。

1.5.2.12　质量屋的全面评估

初步完成构建质量屋之后，应由 QFD 小组对其进行讨论、修改，特别注意工程措施之间的不协调之处，对产品的关键技术和竞争能力进行认真、充分的讨论和评估。主要讨论和评估的问题包括：

1）顾客需求重要度排序与满足该需求的工程措施的重要度排序是否明显不对应？

2）质量屋中各数据可信度如何，是否需要重新评估？

3）工程措施与竞争对手产品的质量特性差异是否符合企业的战略？

4）对负相关和强负相关的工程措施如何处理？是否引起颠覆性问题？

5）工程措施的指标是否先进、合理？

6）哪些工程措施应转入下一阶段进行深入的 QFD 分析？

这样，经过全面评估确认质量屋的系统性和合理性。

1.5.3 质量屋应用案例

某型直升机减速传动系统，在主减速器长期试车过程中，几次出现尾传动锥齿轮齿面擦伤、剥落等故障；在疲劳试车过程中，尾传动小锥齿连续两次发生齿轮轮齿折断的故障。针对该项目，组建了 QFD 小组，通过构建其 QFD 质量屋（见图 1—5），对改进方案进行系统分析。

经过对小锥齿轮故障的详细调查，从中提炼出顾客需求。该小组分析确定了各顾客需求的重要度，并将本企业的产品与国内外同类产品进行对比，进行市场竞争能力分析，从设计、冷热工艺等方面进行分析，确定了 8 项工程措施，建立了关系矩阵，分析确定了工程措施重要度。对照国际先进水平设定了产品改进后的技术竞争能力值，计算表明，完成改进后，该型小锥齿轮的技术竞争力和综合竞争力都将处于国际领先水平。

该小组把重点放在重要度高的工程措施上，发现各项工程措施间不存在负面影响，据此对设定的工程措施指标进行了确认，完成了质量屋的构建，并进行了全面评估。

工程措施 / 顾客需求	重要度 K_i	保证渗碳层深度	改进齿根表面粗糙度	提高齿轮弯曲强度	减小齿面接触应力	保证齿轮的冷却润滑	保证齿轮硬度	保证齿印正确	改进齿面表面粗糙度	市场竞争能力 M_i			
										本产品	改进后	国内对手	国外对手
不允许断齿	5	5	5	9	5		1	3	1	2	5	3	5
不允许点蚀剥落	3				5	9	9	5	3	3	5	3	4
不允许胶合	2				9	9	3	1	9	3	5	3	4
较长的使用寿命	4	3	3	9	5	5	3	3	5	2	5	3	5
市场竞争能力指数 M										0.47	1.00	0.60	0.93
		严格按渗碳工艺操作	合理选用加工机床	加大模数增大齿根圆角	增大齿宽	改进甩油盘结构	合理选用热处理参数	严格按工艺规程施工	增加齿面抛光工序				
工程措施重要度 h_j		37	37	81	78	65	50	44	52				

技术竞争能力 T_j	保证渗碳层深度	改进齿根表面粗糙度	提高齿轮弯曲强度	减小齿面接触应力	保证齿轮的冷却润滑	保证齿轮硬度	保证齿印正确	改进齿面表面粗糙度	技术竞争能力指数 T
本产品	3	3	2	3	2	4	4	4	0.60
改进后	5	4	4	4	5	5	5	5	0.91
国内对手	3	3	2	3	2	4	4	4	0.60
国外对手	5	4	3	3	2	5	5	5	0.75

图 1—5　某型直升机尾传动小锥齿轮改进质量屋

1.5.4　质量屋系列模型

美国供应商协会（ASI）提出的 QFD 质量屋系列模型是应用很广的分析模型，它以系统图因果关系展开为原理，从顾客需求开始逐步将其转换为设计要求、零件特性、制造操作、生产要求 4 个阶段，形成质量屋系列，如图 1—6 所示。

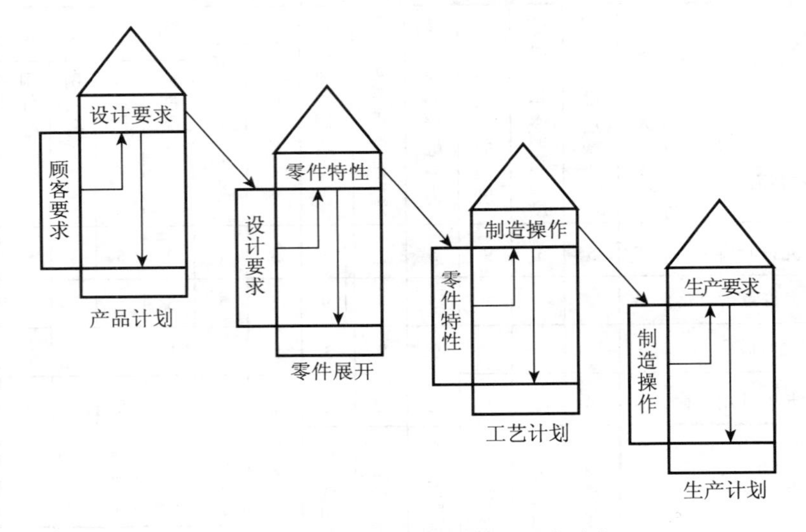

图 1—6　ASI 质量功能展开的 4 个阶段

在图 1—6 中，前一个质量屋输出的结果作为后一个质量屋输入的要求或已知条件。这种方式的思路不仅适用于新产品的开发，也可移植到改进产品质量、实施目标管理、分解工作规划等技术、管理活动中。

应用质量屋系列分析模型进行分析的过程，可以描述为建立质量屋和构建质量屋系列的过程。实际应用质量屋系列可以不是简单地套用 ASI 提出的 4 个阶段 QFD 的质量屋系列模型，而是根据分析对象和分析目的建立质量屋系列。

首先，根据分析的对象，确定建立各质量屋的位置，选择相对独立的产品研制阶段或专题作为建立质量屋的位置；然后，确定各质量屋的输入和输出，建立质量屋系列的框架，即明确各质量屋之间的前后衔接、左右相邻、上下从属的相互关系，从而形成各质量屋之间接口明确、综合权衡、反馈及时、逐步展开的质量屋系列。例如研制某新型战斗机，应用 QFD 技术，通过建立飞机设计方案的质量屋系列分析模型，对该型飞机的研制要求进行了系统的展开，如图 1—7 所示。

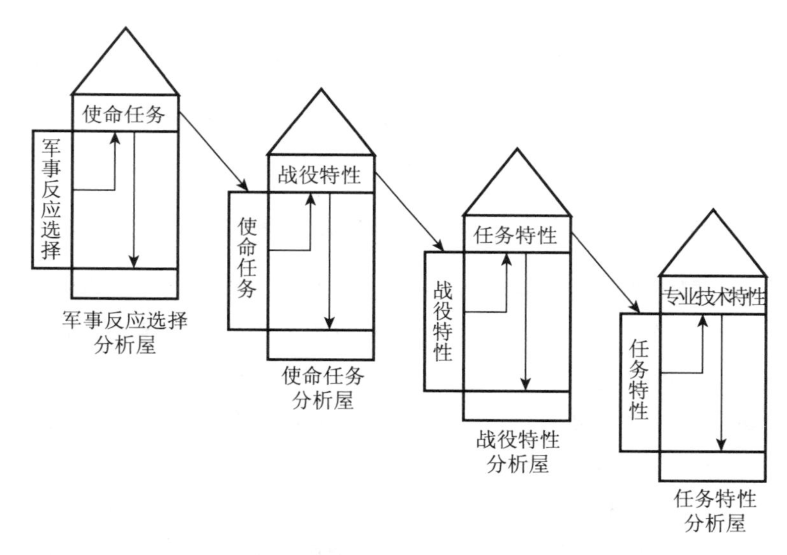

图 1—7　某型战斗机研制任务需求分析质量屋系列模型

第2章　多维结构的QFD分析模型——系统屋

2.1　系统屋分析模型的提出

虽然QFD应用于产品开发具有许多优越性，但将其分析模型——二维结构的质量屋应用于作为系统工程的大型复杂产品研制却有很大的局限性，具体体现在以下几个方面。

2.1.1　质量屋的二维结构限制了多因素相关分析和综合权衡

质量屋主要是由放在“左墙”的输入因素和放在“天花板”的输出因素构成的二维结构。通过两者的相关分析，确定输出因素的内容和重要度，完成从输入因素向输出因素的转换，从而进入下一个质量屋继续进行展开分析。在作为系统工程的复杂产品的研制中，进行一个阶段或专题的系统分析，通常是多目标、多因素、多层次、多方案的系统分析，不仅是展开分解，还需要对多因素进行综合权衡。例如进行顾客需求分析，通常是把顾客需求转换成设计需求，而复杂产品研制不仅要考虑顾客需求这方面的必要性，还要考虑已有技术储备、研制周期、研制经费等方面条件的可行性。只有两者基本协调，才能把任务目标作为本研制阶段的输出因素转入下一个阶段进行展开、分解。为此，质量屋分析至少需要三维结构，这三维坐标是：必要性要求、可行性条件和针对性的措施。复杂产品研制甚至可能需要在同一阶段对更多因素进行相关分析。

2.1.2　质量屋的二维结构限制了AHP等定量分析方法的应用

当前国际上计算权重和进行相关分析的方法及评价准则主要

采用20世纪70年代美国著名的运筹学家T·L·萨蒂提出的层次分析法（Analytic Hierarchy Process，AHP）。质量屋的二维结构导致同时对多因素进行分析时只有把几个输入因素合并列于质量屋的“左墙”位置，几个输出因素合并列于“天花板”的位置，致使“左墙”或“天花板”的具体项目太多，不便应用AHP等科学的分析方法。

2.1.3　质量屋系列中结构与内容和步骤合为一体限制了其应用的灵活性

无论是赤尾洋二教授提出的综合质量展开模式，还是ASI式四阶段质量屋系列，都是不仅给出了二维的分析结构，而且给出了展开表之间的联系、步骤和分析内容。这对于一般复杂程度的产品的开发过程通常是足够的，并告之应用QFD技术的产品开发者应考虑的因素及其相互关系，提高了QFD技术的可操作性。但是，卫星、运载火箭、导弹等复杂产品的研制从分析顾客需求到确定具体设计要求并非像ASI式质量屋那样只有一步。同样，卫星、运载火箭、导弹等复杂产品的功能、成本、可靠性方面的分析也不是日本专家综合质量展开中的只有几个因素和几个步骤，而是一个复杂的系统工程过程，有着符合产品自身特点的研制程序。各种不同类型、不同复杂程序的产品研制需要考虑的因素、分析的重点和步骤是不同的，只有具体从事产品开发的研究人员才能选择和确定。应用QFD技术，尤其是在复杂系统工程中，最好把分析结构与分析内容和步骤相对分开，而后者由研制人员在应用QFD技术时根据分析的问题和研制程序自己确定。

结合大型复杂航天产品的研制，针对多因素、多层次的复杂系统分析，通过对二维结构的质量屋进行扩展性研究，我们提出一种多维结构的QFD分析模型。由于它更加适合多因素的系统分析，但仍然采用房屋结构的形象比喻，因此，称其为“系统屋”（House of System，HOS）。系统屋具有多因素的分析、展开、综合权衡等功能，也适用于多因素的决策支持分析、多目标管理等技术和管理活动。

2.2 系统屋的结构

系统屋是多维结构的矩阵群，即若干矩阵的有机组合。系统屋的结构主要由系统屋的“框架”、“墙面”、“阳台”和“屋顶”等组成。

系统屋的“框架”以多维坐标表示，称为系统屋中的“立柱”和“横梁”，每一个坐标表示系统分析中的一个因素。坐标上的点表示某因素的元素。系统屋中以坐标表示的相关因素分为输入因素和输出因素。输入因素置于“立柱”的位置，其各元素有时是已初步确定的。输出因素置于“横梁”的位置，其各元素是待求的。

多维坐标中相关的两两坐标形成的多个直角坐标平面，即两因素相关矩阵图称为系统屋的“墙面”。“墙面”上的点用以表示相关矩阵中两因素的各元素之间的相关度。

一个输入因素的各元素之间进行相关分析形成的相关矩阵称“阳台”。一个输出因素的各元素之间进行相关分析形成的相关矩阵称“屋顶”。由于一个因素自身各元素之间的相关矩阵是三角形的，即在这类矩阵中对角线上各数值为 1，对角线两边对应位置的数值互为倒数，其中一半数值在表示时可以省略，故此这类矩阵称为三角形矩阵。系统屋的“阳台”、“屋顶”可绘制为三角形。其中，“阳台”建在“墙面”左边，“屋顶”建立在“墙面”上边，如图 2—1 所示。

由于系统屋是多维结构的，图 2—1 只给出了一个输入因素和一个输出因素及其相关分析的模型，即它只是一个系统屋分析模型的侧面。这时质量屋作为二维结构的矩阵分析模型，可以认为是系统屋的一部分，系统屋可以认为是质量屋从二维到多维的扩展。

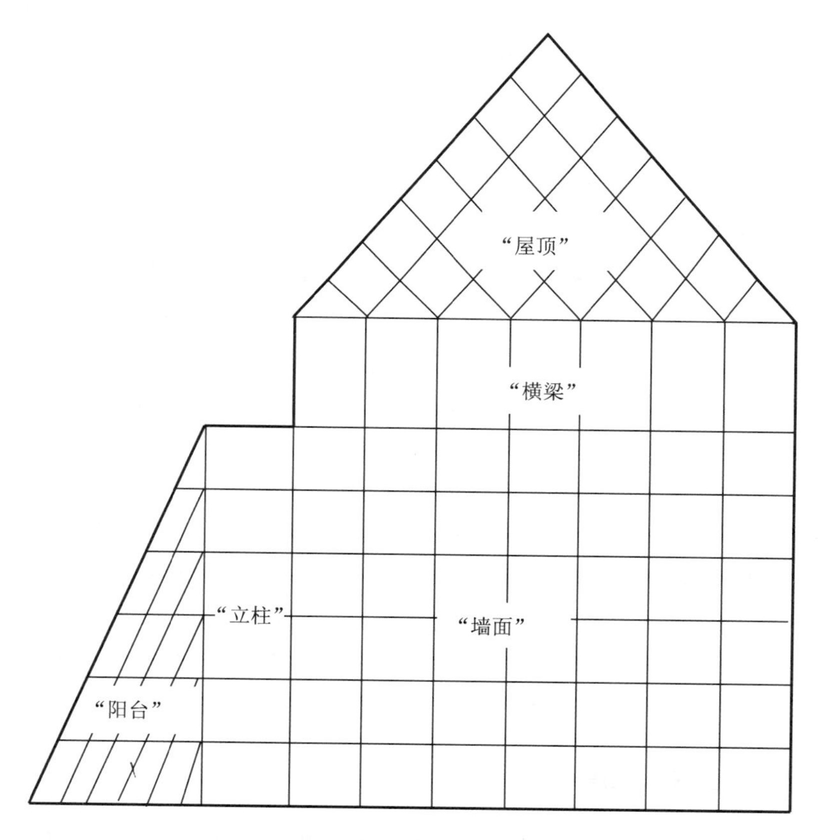

图2—1　系统屋的结构

2.3　系统屋和系统屋系列的建立

2.3.1　构建系统屋的系列

应用系统屋分析模型进行系统展开和综合权衡的过程，可以描述为建立系统屋和构成系统屋系列的过程。系统屋系列也可以形象地描述为由一组系统屋有机组成的"别墅"。构建系统屋系列的主要步骤如下：

1）根据分析的对象，确定建立系统屋的位置，应当选择相对独立的产品研制阶段或分析专题作为建立系统屋的位置，即确定系统分析中几个相对独立又相互关联的专题；

2）确定各系统屋的输入因素和输出因素，即初步明确各系统屋的“立柱”和“横梁”；

3）形成系统屋系列的框架，即明确系统屋之间的前后衔接、左右相邻、上下从属的相互关系，并对所有因素、元素进行系统编号，从而形成与分析对象系统工程展开全过程相对应的，各系统屋之间接口明确、综合权衡、反馈及时、逐步展开的系统屋系列。

在实际应用中系统屋系列的形成是一个渐进的过程。最初只是根据经验、专家建议和可参照的项目，大体上确定一级系统屋的位置和相互关系。随着系统分析的逐步深入、展开和反复迭代，不断补充、修改一级系统屋的位置和相互关系，并进一步确定二级、三级系统屋的位置和相互关系。确定系统屋系列一般应用系统图、网络图、程序图等分析方法。

2.3.2 建立系统屋

应用系统屋分析模型对产品研制的某个环节或专题进行系统分析和综合权衡的过程，可以描述为建立系统屋的过程。建立系统屋大体有以下几个方面：

1）建立系统屋“立柱”，即明确系统屋各输入因素及其元素的内容和重要度。一个系统屋可能有多个输入因素，如顾客需求、同类产品性能指标、约束条件等。

2）建立系统屋的“阳台”，即对输入因素的各元素通过建立绘制成三角形的相关方阵，比较各元素两两之间对该因素的作用大小，用于确定各元素的权重。

3）建立系统屋的“墙面”，即确定在一个系统屋中需要进行相关分析的两两因素对。系统屋的“墙面”按两因素组合方式和分析先后顺序分为3类：第一类是指两因素都是输入因素的两两因素对建立的相关矩阵，用于权衡、优化输入因素的各元素及其权重，以消除输入因素中各元素之间的重复和不协调之处；第二类是指输入因素与输出因素结合的两两因素对建立的相关矩阵，用于将输入因素的各元素转换、展开以确定输出因素的各元素及其权重，或修改、反馈输入因素的有关元素及其权重；第三类是指都是输出因素的两两因素对建立的相关矩阵，用于对输出因素的各元素进一步进行综合权衡。

4）建立系统屋的“横梁”，即明确系统屋各输出因素及其元素的内容和重要度。一个系统屋可能有多个输出因素，如产品性能、研制工程措施等。通过第二类、第三类“墙面”的相关分析，将分析结果即输出因素的各元素的内容和权重放在“横梁”的位置。

5）建立系统屋的“屋顶”，即对输出因素的各元素通过建立绘制成三角形的相关方阵进行相关分析，用于消除各元素之间的重复和不协调之外。

建立系统屋有一个从建立“立柱”、“阳台”、“墙面”、“横梁”和“屋顶”的大体顺序，也是不断修改、反复迭代的过程。

2.4 系统屋的分析方法

2.4.1 确定输入因素各元素的权重

系统屋技术的分析方法主要采用层次分析法。其中确定权重，即建立“阳台”的方法采用层次分析法中的层次单排序，具体步骤如下。

2.4.1.1 建立输入因素A中各元素针对该因素的判断矩阵 $\boldsymbol{B}$

$\boldsymbol{B}$ 为一个 n 阶方阵，其形式为

A	b_1 $b_2 \cdots b_i \cdots b_n$
b_1	b_{11} $b_{12} \cdots b_{1i} \cdots b_{1n}$
b_2	b_{21} $b_{22} \cdots b_{2i} \cdots b_{2n}$
$\vdots$	$\cdots \cdots \cdots \cdots \cdots \cdots$
b_j	b_{j1} $b_{j2} \cdots b_{ji} \cdots b_{jn}$
$\vdots$	$\cdots \cdots \cdots \cdots \cdots \cdots$
b_n	b_{n1} $b_{n2} \cdots b_{ni} \cdots b_{nn}$

b_{ij} 表示对于该因素而言，元素 b_i 和元素 b_j 的相对重要性标度。当元素 b_i 与元素 b_j 相比其结果分别为相同重要、较为重要、重要、非常重要、极端重要时，b_{ij} 分别取值为 1、3、5、7、9 及其倒数。在矩阵 $\boldsymbol{B}$ 中有

$$\begin{cases} b_{ii}=1 \\ b_{ij}=\dfrac{1}{b_{ji}} \end{cases} \qquad (i,\ j=1,\ 2,\ \cdots,\ n)$$

因此，对 n 阶矩阵，仅需对$\dfrac{n\ (n-1)}{2}$个元素给出判断。

2.4.1.2 求解判断矩阵的最大特征根及特征向量

要求解判断矩阵 $\boldsymbol{B}$ 最大特征根 $\lambda_{\max}$ 和对应于 $\lambda_{\max}$ 的特征向量 $\boldsymbol{W}$。$\boldsymbol{W}$ 的分量 W_i 即该因素各元素的权重。对于判断矩阵计算最大特征向量，可以利用一般线性代数的计算方法，但是从实用角度看，有些近似方法计算更为简便，如方根法与和积法。

（1）方根法

已知 n 阶方阵

$$\boldsymbol{B}=\ (b_{ij})$$

计算

$$W_i = \sqrt[n]{\prod_{j=1}^{n} b_{ij}} \qquad (i = 1, 2, \cdots, n)$$

将其规范化后

$$\overline{W}_i = \frac{W_i}{\sum_{i=1}^{n} W_i}$$

式中　W_i—— 特征向量 $\boldsymbol{W}$ 的第 i 个分量。

然后计算最大特征根 $\lambda_{\max}$，即

$$\lambda_{\max} = \sum_{i=1}^{n} \frac{(BW)_i}{nW_i}$$

(2) 和积法

首先规范化

$$\overline{a}_{ij} = \frac{b_{ij}}{\sum_{k=1}^{n} b_{kj}} \qquad (i, j = 1, 2, \cdots, n)$$

然后计算，按行相加，其和数为

$$W_i = \sum_{j=1}^{n} \overline{a}_{ij}$$

将其规范化后

$$\overline{W}_i = \frac{W_i}{\sum_{i=1}^{n} W_i}$$

计算最大特征根 $\lambda_{\max}$，即

$$\lambda_{\max} = \sum_{i=1}^{n} \frac{(BW)_i}{nW_i}$$

2.4.1.3　对判断矩阵进行一致性检验

要对判断矩阵 $\boldsymbol{B}$ 进行一致性检验，以判定两两元素之间相对重要性标度取值的一致性。首先确定一致性指标 CI，其计算公式为

$$\mathrm{CI} = \frac{\lambda_{\max} - n}{n - 1}$$

当 CI＝0，即 $\lambda_{max}=n$ 时，判断矩阵 **B** 具有完全一致性。$\lambda_{max}-n$ 愈大，CI 愈大，矩阵的一致性越差。为了考虑判断矩阵不同阶数对一致性的影响，还需要引进随机一致性指标 RI。不同阶数的随机一致性指标的取值如表 2—1 所示。

表 2—1　随机一致性指标的取值

矩阵阶数	1	2	3	4	5	6	7	8	9	10
平均随机一致性指标 RI	0.00	0.00	0.58	0.90	1.12	1.24	1.32	1.41	1.45	1.49

令

$$CR=\frac{CI}{RI}$$

当 CR＜0.10 时，判断矩阵具有满意的一致性；否则就需要对判断矩阵进行调整。

2.4.2　两因素相关分析

建立系统屋的"墙面"，即两因素相关分析可采用两种方法，相关矩阵法和 AHP 层次总排序法。

2.4.2.1　相关矩阵法

两因素相关分析可采用相关矩阵法，如图 2—2 所示，其分析步骤如下：

1）确定两因素各元素之间的相关度 W_{ij}，采用 1、3、5、7、9 的相关度等级，必要时也可增加中间等级 2、4、6、8，负相关时的相关度取负数值。

2）计算因素 B 的各元素对因素 A 的相关重要度 h_j

$$h_j=\frac{\sum_{i=1}^{n}(W_{ij}k_i)}{\sum_{j=1}^{n}\sum_{i=1}^{m}(W_{ij}k_i)}$$

计算因素 A 的各元素对因素 B 的相关重要度 g_i

$$g_i = \frac{\sum_{i=1}^{n}(W_{ij}f_j)}{\sum_{i=1}^{m}\sum_{j=1}^{n}(W_{ij}f_j)}$$

3）判断 h_j 与 f_j、g_i 与 k_i 的接近程度。当它们较为接近时可转入下一步分析；当非常不接近时，应对有关元素进行补充、修改，或对元素的权重、相关度进行调整。

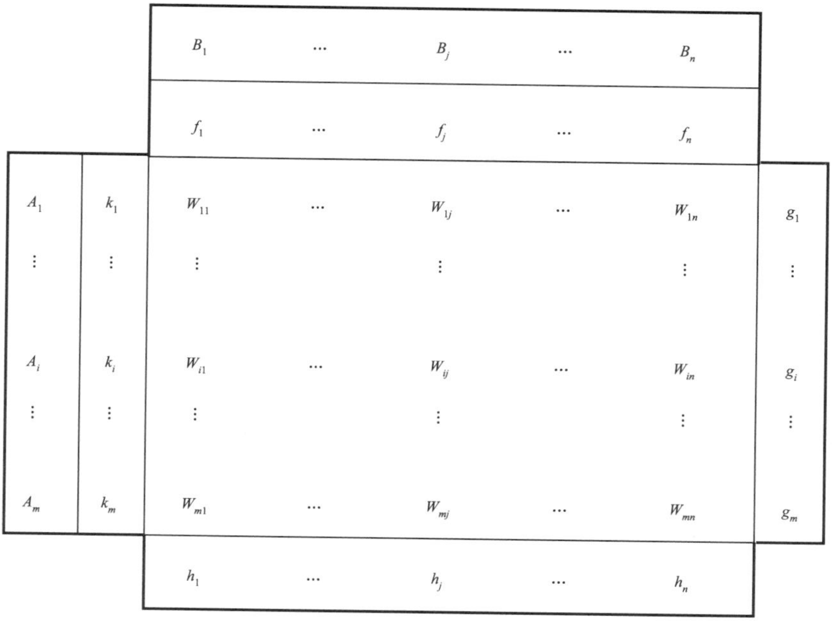

		B_1	…	B_j	…	B_n	
		f_1	…	f_j	…	f_n	
A_1	k_1	W_{11}	…	W_{1j}	…	W_{1n}	g_1
⋮	⋮	⋮		⋮		⋮	⋮
A_i	k_i	W_{i1}	…	W_{ij}	…	W_{in}	g_i
⋮	⋮	⋮		⋮		⋮	⋮
A_m	k_m	W_{m1}	…	W_{mj}	…	W_{mn}	g_m
		h_1	…	h_j	…	h_n	

图 2—2　两因素相关分析图

相关矩阵法的优点在于计算简单，但由于缺少同一因素内各元素之间的两两比较，故不够精确，比较适合于“墙面”的第一类和第三类相关分析。

第一类相关矩阵中，因素 A 的各元素权重 k_i 和因素 B 的各元素权重 f_j 都初步确定，经过对 h_j、g_i 的计算和判别，反复迭代，整体优化两个输入因素的各元素及其权重。同样，第三类相关矩阵中，已知输出因素 A 的权重 k_i 和输出因素 B 的权重 f_j，经过反复迭代调整两个输出因素的各元素及其权重。

2.4.2.2 层次总排序法

（1）进行层次单排序

因素 B 针对因素 A 的各元素 A_i（$i=1, 2, \cdots, m$）分别进行层次单排序，从而计算出针对 A_i 的 B_j（$j=1, 2, \cdots, n$）的相关度 r_{ij}，形成相关矩阵。

（2）进行层次总排序

计算 B_j 对于因素 A 的相关重要度 h_j（即层次总排序）

$$h_j = \sum_{i=1}^{m} k_i r_{ij}$$

式中，A_i 的权重 k_i 已知。

计算见表 2—2。

表 2—2 层次总排序相关矩阵表

因素 B 的元素 / 因素 A 的元素及权重		B_1	$\cdots$	B_j	$\cdots$	B_n
A_1	k_1	r_{11}	$\cdots$	r_{1j}	$\cdots$	r_{1n}
$\vdots$	$\vdots$	$\vdots$		$\vdots$		$\vdots$
A_i	k_i	r_{i1}	$\cdots$	r_{ij}	$\cdots$	r_{in}
$\vdots$	$\vdots$	$\vdots$		$\vdots$	$\vdots$	$\vdots$
A_m	k_m	r_{m1}	$\cdots$	r_{mj}	$\cdots$	r_{mn}
层次总排序		$\sum_{i=1}^{m}(k_i r_{i1})$	$\cdots$	$\sum_{i=1}^{m}(k_i r_{ij})$	$\cdots$	$\sum_{i=1}^{m}(k_i r_{in})$

（3）对层次总排序进行一致性检验

层次总排序一致性指标为

$$CI = \sum_{i=1}^{m} (k_i CI_i)$$

式中 CI_i—— 对应判断矩阵 $\boldsymbol{B}$ 的一致性指标。

层次总排序随机一致性指标为

$$RI = \sum_{i=1}^{m} (k_i RI_i)$$

式中 RI_i, k_i—— 对应判断矩阵 $\boldsymbol{B}$ 的随机一致性指标。

总体一致性用总体相对一致性指标 CR 来度量，即

$$CR = \frac{CI}{RI}$$

当 $CR \leqslant 0.1$ 时，认为满足一致性条件。

2.4.3 输出因素的综合

在一个系统屋中，可以通过与不同输入因素进行相关分析取得同一输出因素的两组或多组不同的元素及其权重。尽管在建立系统屋框架的阶段就应当尽量通过规划和调整，避免从不同的输入因素产生同一输出因素的不同元素组的情况。由因素 A 取得因素 C 的一组元素 C_i^1 及其权重 $C_i^1 = \{C_1^1, C_2^1, \cdots, C_m^1\}$ $(i=1, 2, \cdots, m)$，由因素 B 取得因素 C 的另一组元素 C_j^2 及其权重 $C_j^2 = \{C_1^2, C_2^2, \cdots, C_n^2\}$ $(j=1, 2, \cdots, n)$，其中 C_i^1 和 C_j^2 之间的部分元素是重合的。为了系统屋的进一步展开，应对两者进行综合。综合的方法有多种，可根据需求进行选择。

2.4.3.1 平均法

C_i^1 和 C_j^2 合并内容相同的元素后得 $C_k = \{C_i^1 \cup C_j^2\} = \{C_1, C_2, \cdots, C_k\}$ $(k=1, 2, \cdots, h)$。C_k 各元素的权重为 C_i^1 和 C_j^2 中相同元素的权重相加除以 2。若 C_m^1 在 C_j^2 中没有相同内容的元素，设定 C_m^2 的权重为 0。平均法计算简单，较好地继承和综合了两因素相关分析

的结果，并可适用于多组元素的综合。平均法是简单平均，建立在各元素组同等重要的假定前提之下。若各元素组不同等重要，一般不采用加权平均，因为加权系数的确定主观随意性太大，影响较为准确地继承两因素相关分析的结果。

2.4.3.2　主辅法

在同一输出因素的不同元素组之中选一元素组为主，其他元素组为辅，通过分析辅助元素组对主要元素组进行补充、调整。

2.4.3.3　返回法

参考同一输出元素的其他不同元素组的项目内容及其权重，重新进行两元素相关分析。

2.4.4　输出因素的各元素间的相关分析

对于采用矩阵表法取得的输出因素的各元素及其权重，由于没有针对输入因素在输出因素的各元素之间进行两两比较，可采用 AHP 层次单排序法求出各元素的权重 f_j，判断 f_j 与经过两因素相关分析求得的该输出因素各元素的相关重要度 h_j 的接近程度。根据判断结果对该输出因素的有关元素进行必要的调整。

对于采用 AHP 层次总排序法确定的输出因素的各元素不必进行其间的相关分析，因为在两因素相关分析时已经进行了输出因素的各元素之间的两两比较和一致性检验。对于采用相关方阵法进行综合计算的输出因素也不必对该输出因素的各元素进行相互之间的相关分析，因为相关方阵计算中已包含了各元素之间的相关分析。

2.5　系统屋的功能和特点

系统屋在具有 QFD 技术基本特点的基础上，尤其突出下列特点：

1）在复杂产品研制的系统工程过程中，每个研制阶段或分析专题往往需要对3个或3个以上的多因素进行有选择的两两相关分析和权衡研究。系统屋由于其多维结构克服了质量屋二维结构在多因素分析中的局限，正适合于进行这种系统分析。

2）由于系统屋的结构是多维的，就可以把质量屋二维结构中的项目进行分解，从而减少每一维项目的数量，更有利于应用层次分析法等方法，提高了系统分析的准确度。

3）由于系统屋在分析模式中的分析结构与分析内容和步骤相对独立，把灵活应用系统屋技术的主动权真正交给了系统屋技术的应用者（如复杂产品的研制人员），更适应于复杂产品的研制特点和研制程序。

4）根据复杂产品的研制程序，针对各研制阶段和重要分析专题可以建立若干系统屋，确定相互之间从属、衔接相邻的关系，形成一个系统屋系列，并贯穿于复杂产品研制的系统工程过程之中。

5）在产品论证和研制过程的早期，应用系统屋技术就可以对产品论证、设计、试验、试制、生产全过程及各阶段，对产品的功能特性、可靠性、维修性、安全性、寿命周期成本等各因素进行系统分析和综合权衡，而这种在研制的早期对产品性能和研制过程并行设计正是实施并行工程的核心内容。

2.6　系统屋技术应用软件开发

2.6.1　系统屋应用软件开发的思路

为将多维结构的QFD分析模型——系统屋技术的研究成果应用于工程实际，并方便分析人员使用，我们开发了系统屋应用软件。软件开发的总体思路是：基于界面友好、操作简单、功能全面、使用方便的Access后台数据库，采用面向对象、事件驱动编程机制的简单易用的 Visual Basic 编程语言开发单机版软件，并利用层次分析法计算权重和进行相关分析，从而以较高的运行效率、良好的人机界面、精确的计算结果，实现了系统屋技术的所有计算和分析功能。

2.6.2 系统屋应用软件的适用范围和主要功能

2.6.2.1 适用范围

系统屋应用软件适用范围广，尤其适用于对多因素、多层次、多目标复杂系统工程分析的系统展开和综合权衡，如型号工程研制、工程项目管理、目标与规划管理等技术和管理活动中的系统工程分析和决策支持，企业管理体系的策划等。

2.6.2.2 主要功能

系统屋应用软件具有以下主要功能。

(1) 建立系统屋功能

用户可根据其系统分析的需要建立系统屋和构建系统屋系列，灵活地选择系统屋技术中的各种分析方法，完成对多因素、多层次系统工程分析的系统展开和综合权衡。

(2) 编辑系统屋功能

对已建立的各级系统屋，用户可以随时进行增、删、改、查询等操作。

(3) 打印系统屋功能

可以打印输出已建立的各级系统屋的数据。

(4) 安全保密功能

为了系统和分析数据的安全和保密功能，对系统维护人员、系统录入人员和一般用户实行分级授权。

2.6.3 系统屋应用软件的输入和输出

2.6.3.1 系统屋应用软件的输入

按系统屋系列建立的顺序依次输入以下内容：

1）系统屋系列名称；

2）系统屋名称及其编码；

3）系统屋各因素名称及其编码；

4）“阳台”的建立（元素内容、相关重要度）；

5）“墙面”（第一类、第二类、第三类）的建立（相关性符号、相关度、选择的分析方法）；

6）同一输出因素的综合（选择的综合方法、相关度）；

7）“屋顶”的建立（相关重要度）。

2.6.3.2 系统屋应用软件的输出

系统屋应用软件的输出包括以下内容：

1）系统屋系列的名称；

2）系统名称及其编码；

3）建立的“阳台”；

4）建立的“墙面”；

5）建立的“屋顶”；

6）同一输出因素综合计算的结果。

2.6.4 系统屋应用软件的程序逻辑

这里仅给出总控模块、建立系统屋系列模块和建立系统屋模块的逻辑流程供读者参考，因篇幅所限未给出编辑或查询系统屋模块、打印系统屋模块的逻辑流程。

系统屋应用软件总控模块逻辑流程如图 2—3 所示。

建立系统屋系列模块逻辑流程如图 2—4 所示。

建立系统屋模块逻辑流程如图 2—5 所示。

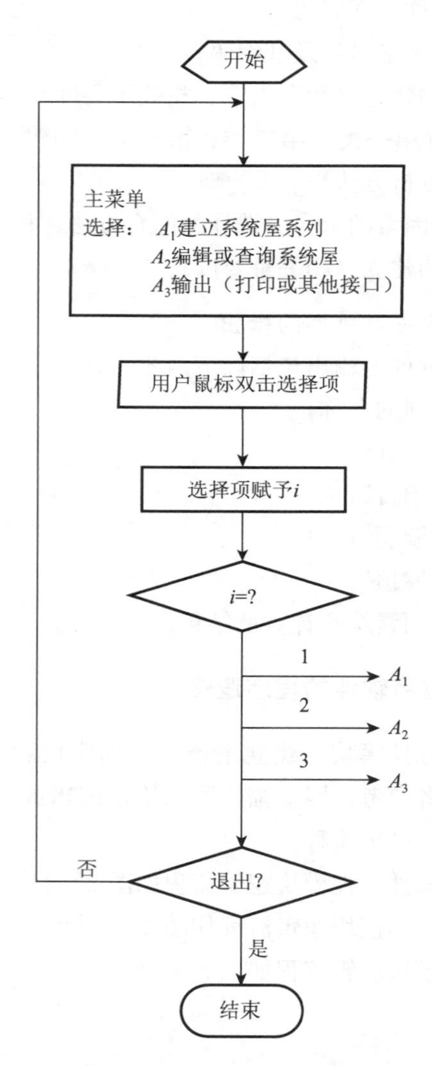

图 2—3 系统屋应用软件总控模块逻辑流程图

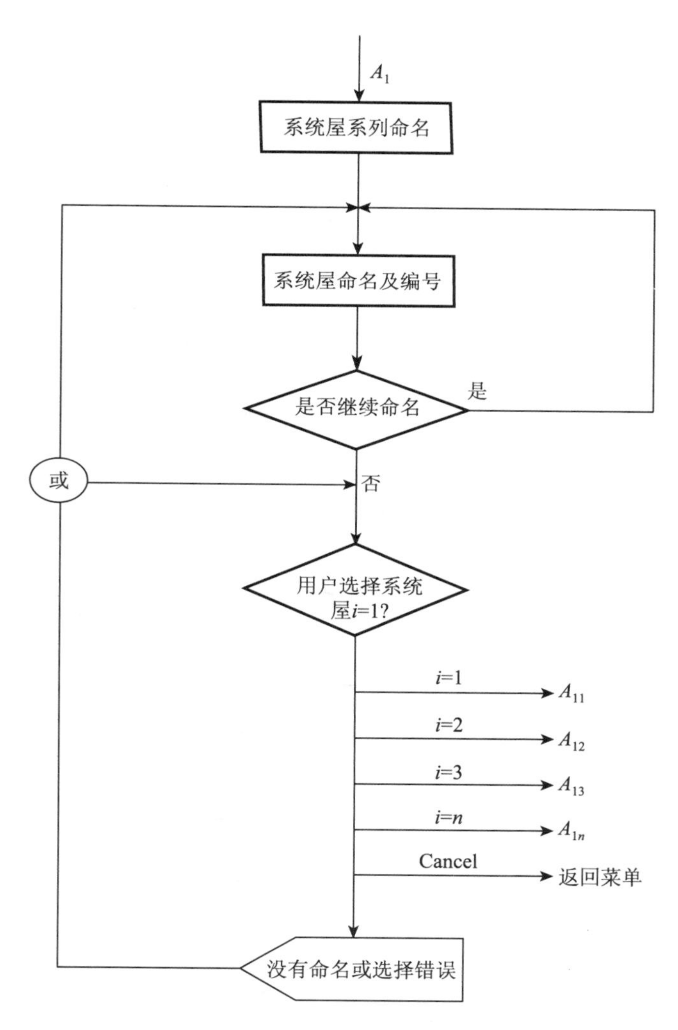

图 2—4　构建系统屋系列模块逻辑流程图

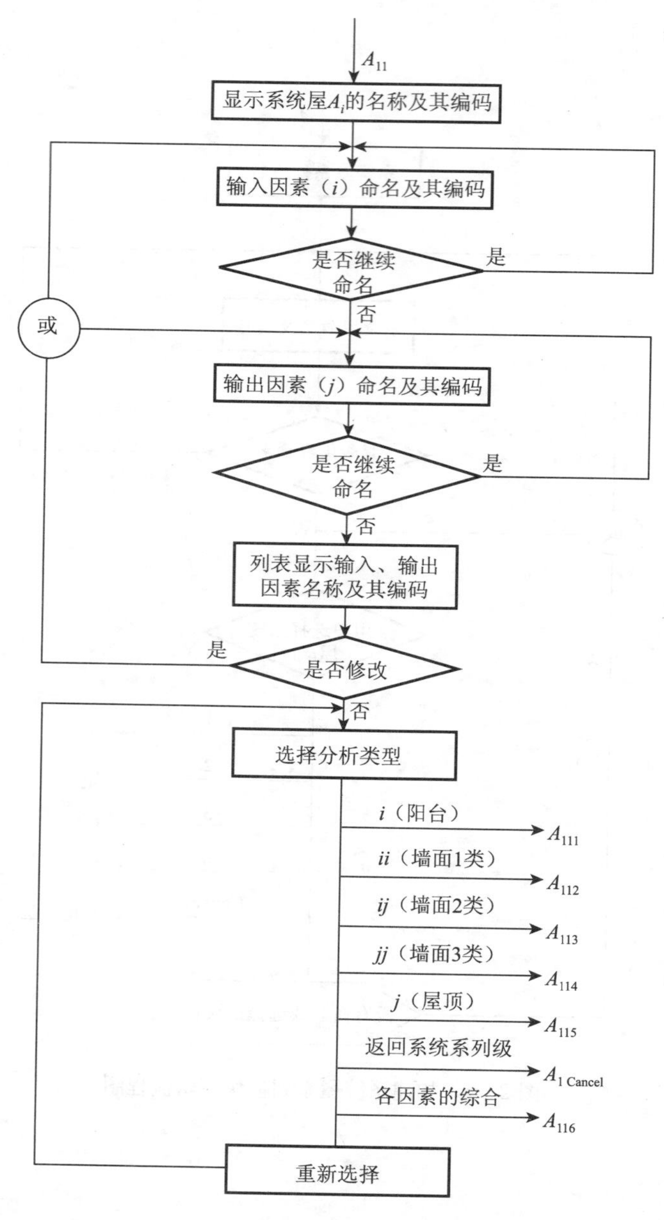

图 2—5　建立系统屋模块逻辑流程图

2.6.5　系统屋应用软件的主要界面

由于篇幅所限，这里仅给出系统屋应用软件的部分界面，如图 2—6～图 2—8 所示。

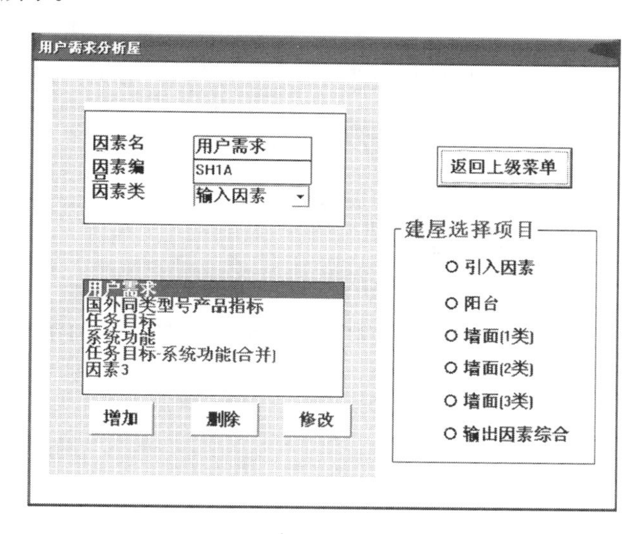

图 2—6　提出输入和输出因素的界面

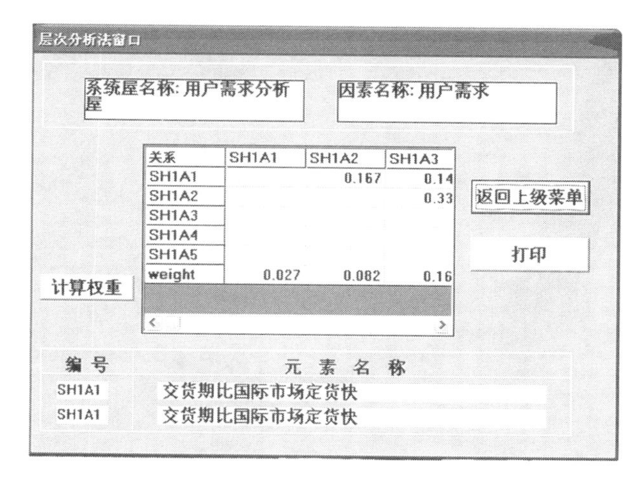

图 2—7　AHP 层次单排序法计算输入因素各元素权重界面

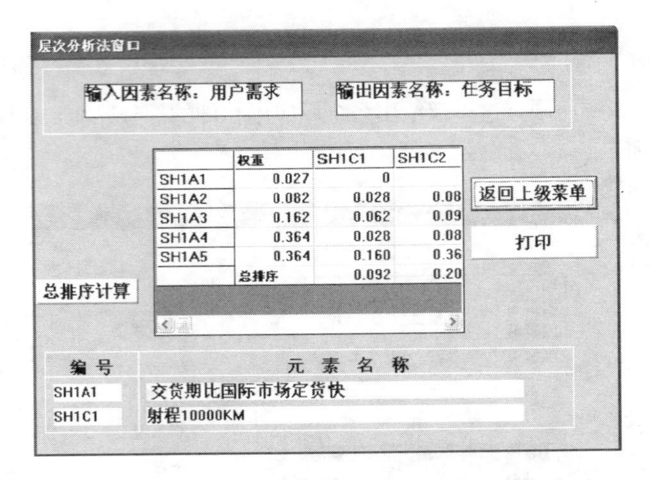

图 2—8　针对输入因素输出因素各元素总排序结果的界面

第3章 系统屋技术在航天型号论证中的应用

3.1 系统屋系列的构建

在CZ—×运载火箭总体方案论证中，系统屋技术及其应用软件可作为一个定量化的系统分析工具。针对CZ—×运载火箭总体方案论证的内容，由运载火箭总体设计专家小组建立4个系统屋，确定8个相关因素，形成一个系统屋系列，其框架结构如图3—1所示。由于该型运载火箭在推力和环保方面比以往的运载火箭有更高的要求，因此系统屋系列要对发动机的要求和技术方案进行重点分析，专门建立2个系统屋进行发动机论证的系统分析。图3—1中，系统屋3和系统屋4是并列的。

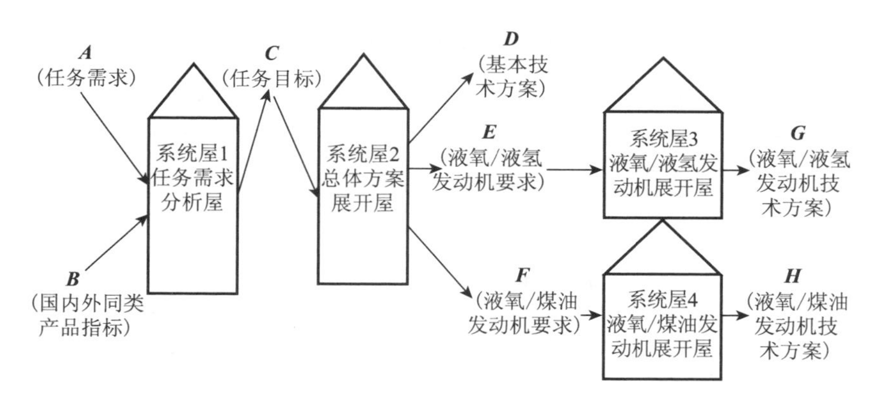

图3—1 CZ—×运载火箭总体方案论证系统屋系列示意图

为了分析方便，明确 CZ－×运载火箭总体方案论证的系统屋的名称及编码如下；系统屋 1 称为任务需求分析屋，其编码为 LV1；系统屋 2 称为总体方案展开屋，其编码为 LV2；系统屋 3 称为液氧/液氢发动机展开屋，其编码为 LV3；系统屋 4 称为液氧/煤油发动机展开屋，其编码为 LV4。

3.2 任务需求分析屋

3.2.1 任务需求分析屋的输入和输出因素

系统屋 1——任务需求分析屋（LV1）的输入因素包括“任务需求”(LV1A)、“国外同类产品指标”(LV1B)，输出因素是“任务目标”(LV1C)。这 3 个因素下属的元素如表 3－1、表 3－2 和表 3－3 所示。

表 3－1 “任务需求”因素（LV1A）各元素的名称和编码

元素编码	元素名称
LV1A1	运载能力满足××年的国内外需要
LV1A2	单位有效载荷的发射价格低于国际水平
LV1A3	可靠性达到国际先进水平
LV1A4	研制费用低
LV1A5	对环境污染小
LV1A6	××年前提交使用
LV1A7	发射时保证不危及发射场和航区人员的安全
LV1A8	可满足载人飞行器的需要

表 3—2　“国外同类产品指标”因素（LV1B）各元素的名称和编码

元素编码	元素名称
LV1B1	国际上主流运载火箭近地轨道运载能力大于 20 t
LV1B2	2010 年的 GTO 卫星可能达到或超过 7 t
LV1B3	阿里安 5 火箭的可靠性指标为 0.98
LV1B4	阿里安 5 火箭的研制费用为 70 亿美元
LV1B5	阿里安 5 火箭的研制周期为 10 年
LV1B6	GTO 单位有效载荷的商业发射价格为 20 000 美元/kg
LV1B7	国外主要运载火箭均在人口稀少区或沿海发射
LV1B8	国外趋向于采用无污染推进剂

表 3—3　“任务目标”因素（LV1C）各元素的名称和编码

元素编码	元素名称
LV1C1	近地轨道运载能力不小于×× t
LV1C2	GTO 运载能力不小于×× t
LV1C3	可靠性指标不低于××，载人可靠性指标达到××（置信度为××）
LV1C4	使用对环境无污染的推进剂
LV1C5	飞行航区不经过人口稠密区，子级落区在人口稀少区
LV1C6	运载火箭运输便利
LV1C7	研制费用不超过××亿元人民币
LV1C8	GTO 单位有效载荷费用不超过××美元/kg
LV1C9	研制周期不超过××年
LV1C10	飞行过载不超过××g

3.2.2 开展任务需求分析屋分析

3.2.2.1 确定输入因素各元素的权重

建立任务需求分析屋，即开展任务需求分析，初步确定“任务需求”（LV1A）和“国外同类产品指标”（LV1B）这两个输入因素的各元素后，确定其相对重要度。

1）应用 AHP 层次单排序法确定“任务需求”（LV1A）各元素的权重 W，如表 3－4 所示。

表 3－4 “任务需求”（LV1A）各元素的权重

A	A_1	A_2	A_3	A_4	A_5	A_6	A_7	A_8	W
A_1		5	3	6	7	8	2	4	0.371
A_2			1/2	1	1	2	1/2	1	0.074
A_3				2	2	3	1	1	0.128
A_4					1	1	1/3	1/2	0.058
A_5						1	1/3	1/2	0.057
A_6							1/4	1/2	0.047
A_7								2	0.168
A_8									0.098

$CR=0.008\,58<0.1$，满足一致性要求。

通过对“任务需求”的 8 个元素的重要度分析，得知运载能力最为重要，其权重为 0.371；其次为发射安全和可靠性水平。

2）应用 AHP 层次单排序法确定“国外同类产品指标”（LV1B）各元素的权重 W，如表 3－5 所示。

表 3—5　“国外同类产品指标”(LV1B) 各元素的权重

B	B_1	B_2	B_3	B_4	B_5	B_6	B_7	B_8	**W**
B_1		1	1/2	2	2	1	1/4	2	0.098
B_2			1	2	2	2	1/3	3	0.127
B_3				4	3	3	1/2	4	0.182
B_4					1	1	1/7	1	0.054
B_5						1	1/6	1	0.057
B_6							1/5	1	0.064
B_7								8	0.368
B_8									0.051

CR＝0.008 84＜0.1，满足一致性要求。

通过对“国外同类产品指标”的分析得知，最为重要的是发射场的选址，其次是有效载荷和可靠性指标。

3.2.2.2　“任务需求”与“国外同类产品指标”的相关分析

应用矩阵表法对两个输入因素“任务需求”（LV1A）与“国外同类产品指标”（LV1B）进行相关分析，结果如表 3—6 所示。

表 3—6　“任务需求”与“国外同类产品指标”相关分析

A \ B	W_A \ W_B	B_1	B_2	B_3	B_4	B_5	B_6	B_7	B_8	**W′**
		0.098	0.127	0.182	0.054	0.057	0.064	0.368	0.051	
A_1	0.371	9	9	3	1	1	3	7	9	0.185
A_2	0.074	3	3	5	7	1	7	3	7	0.123
A_3	0.128	3	3	9	5	5	7	3	1	0.140
A_4	0.058	−3	−3	−3	9	1	7	3	5	0.036
A_5	0.057	1	1	1	3	1	1	7	9	0.117
A_6	0.047	−3	−3	−5	2	9	3	1	1	0.101

续表

A \ B		B_1	B_2	B_3	B_4	B_5	B_6	B_7	B_8	W'
	W_A \ W_B	0.098	0.127	0.182	0.054	0.057	0.064	0.368	0.051	
A_7	0.168	0	0	7	3	3	3	9	7	0.172
A_8	0.098	7	6	9	−1	−3	−3	3	5	0.126

通过上述相关分析，可以看出，“任务需求”因素权重的排序与同“国外同类产品指标”进行相关分析前基本一致，因此，后面的分析采用表3—4所示的“任务需求”各元素的权重。

3.2.2.3 “任务需求”与“任务目标”的相关分析

应用AHP层次总排序法，对系统屋1的输入因素“任务需求”（LV1A）和输出因素“任务目标”（LV1C）进行相关分析，确定输出因素的各元素并得出其相关重要度。

（1）确定“任务需求”和“任务目标”的相关性

输入因素“任务需求”（LV1A）和输出因素“任务目标”（LV1C）的相关性如表3—7所示。

表3—7 “任务需求”和“任务目标”的相关性

A \ C	C_1	C_2	C_3	C_4	C_5	C_6	C_7	C_8	C_9	C_{10}
A_1	1	1	1	1	1	1	1	1	1	1
A_2	1	1	1	1	1	1	1	1	0	1
A_3	1	1	1	0	0	0	1	1	1	1
A_4	1	1	1	1	0	1	1	1	1	1
A_5	0	0	1	1	1	0	0	0	0	0
A_6	1	1	1	1	1	1	1	1	1	0
A_7	1	1	1	1	1	1	1	1	0	1
A_8	1	1	1	1	1	1	1	1	1	1

（2）进行层次单排序分析

下面分别针对“任务需求”的各元素（A_1、A_2、A_3、A_4、A_5、A_6、A_7、A_8）和“任务目标”的各元素（C_1、C_2、C_3、C_4、C_5、C_6、C_7、C_8、C_9、C_{10}）进行层次单排序分析。

1）对于元素 A_1“运载能力满足××年的国内外需要”，判断矩阵及相应权重如表3－8所示。

表3－8　针对 A_1 的层次单排序

C	C_1	C_2	C_3	C_4	C_5	C_6	C_7	C_8	C_9	C_{10}	**W**
C_1		1	3	5	4	9	6	7	8	9	0.323
C_2			1	2	2	4	3	4	4	5	0.176
C_3				2	1	3	2	2	3	3	0.118
C_4					1	2	1	1	2	2	0.070
C_5						2	1	2	2	2	0.083
C_6							1/2	1	1	1	0.039
C_7								1	1	1	0.058
C_8									1	1	0.048
C_9										1	0.043
C_{10}											0.041

CR＝0.013 2＜0.1，满足一致性要求。

2）对于元素 A_2“单位有效载荷的发射价格低于国际水平”，判断矩阵及相应权重如表3－9所示。

表 3－9 针对 A_2 的层次单排序

C	C_1	C_2	C_3	C_4	C_5	C_6	C_7	C_8	C_{10}	W
C_1		1	2	4	4	8	5	5	9	0.307
C_2			1	2	2	4	2	3	4	0.176
C_3				2	1	2	2	2	3	0.129
C_4					1	2	1	1	2	0.078
C_5						2	1	2	2	0.091
C_6							1	1	1	0.049
C_7								1	1	0.065
C_8									1	0.058
C_{10}										0.046

CR＝0.016 4＜0.1，满足一致性要求。

3）对于元素 A_3 “可靠性达到国际先进水平”，判断矩阵及相应权重如表 3－10 所示。

表 3－10 针对 A_3 的层次单排序

C	C_1	C_2	C_3	C_7	C_8	C_9	C_{10}	W
C_1		1	1	4	5	7	8	0.320
C_2			1	2	2	3	3	0.196
C_3				2	2	2	4	0.193
C_7					1	2	2	0.096
C_8						1	1	0.077
C_9							1	0.062
C_{10}								0.055

CR＝0.026 0＜0.1，满足一致性要求。

4）对于元素 A_4 “研制费用低”，判断矩阵及相应权重如表3—11所示。

表 3—11　针对 A_4 的层次单排序

C	C_1	C_2	C_3	C_4	C_6	C_7	C_8	C_9	C_{10}	W
C_1		1	2	3	5	5	6	7	7	0.297
C_2			1	2	4	2	3	3	4	0.184
C_3				2	3	2	2	2	3	0.146
C_4					2	1	1	2	2	0.087
C_6						1/2	1	1	1	0.049
C_7							1	1	1	0.070
C_8								1	1	0.061
C_9									1	0.055
C_{10}										0.051

CR＝0.013 8＜0.1，满足一致性要求。

5）对于元素 A_5 “对环境污染小”，判断矩阵及相应权重如表3—12所示。

表 3—12　针对 A_5 的层次单排序

C	C_3	C_4	C_5	W
C_3		6	5	0.729
C_4			2	0.163
C_5				0.109

CR＝0.073 9＜0.1，满足一致性要求。

6）对于元素 A_6 “××年前提交使用”，判断矩阵及相应权重如表 3—13 所示。

表 3－13　针对 A_6 的层次单排序

C	C_1	C_2	C_3	C_4	C_5	C_6	C_7	C_8	C_9	**W**
C_1		1	3	5	4	9	6	7	8	0.334
C_2			1	2	2	4	3	4	4	0.182
C_3				2	1	3	1	1	2	0.124
C_4					1	2	1	1	2	0.073
C_5						2	1	2	2	0.087
C_6							1/2	1	1	0.041
C_7								1	1	0.063
C_8									1	0.051
C_9										0.045

CR＝0.014 7＜0.1，满足一致性要求。

7）对于元素 A_7“发射时保证不危及发射场和航区人员的安全”，判断矩阵及相应权重如表 3－14 所示。

表 3－14　针对 A_7 的层次单排序

C	C_1	C_2	C_3	C_4	C_5	C_7	C_8	C_9	**W**
C_1		1	3	5	4	6	7	8	0.345
C_2			1	2	2	3	4	4	0.193
C_3				2	1	2	2	3	0.130
C_4					1	1	1	2	0.075
C_5						1	2	2	0.092
C_7							1	1	0.064
C_8								1	0.055
C_9									0.047

CR=0.017 0<0.1，满足一致性要求。

8）对于元素 A_8 “可满足载人飞行器的需要”，判断矩阵及相应权重如表 3—15 所示。

表 3—15　针对 A_8 的层次单排序

C	C_1	C_2	C_3	C_4	C_5	C_7	C_8	C_9	C_{10}	**W**
C_1		1	2	4	4	6	7	8	7	0.310
C_2			1	2	2	3	4	4	4	0.186
C_3				2	1	2	2	3	3	0.133
C_4					1	1	1	2	2	0.076
C_5						1	2	2	2	0.089
C_7							1	1	1	0.060
C_8								1	1	0.053
C_9									1	0.046
C_{10}										0.047

CR=0.014 3<0.1，满足一致性要求。

（3）进行层次总排序

对“任务目标”（LV1C）的元素进行总排序，如表 3—16 所示。

表 3—16　对“任务目标”因素各元素的层次总排序

A	W_A	C_1	C_2	C_3	C_4	C_5	C_6	C_7	C_8	C_9	C_{10}
A_1	0.371	0.323	0.176	0.118	0.070	0.083	0.039	0.058	0.048	0.043	0.041
A_2	0.074	0.307	0.176	0.129	0.078	0.091	0.049	0.065	0.058	0	0.046
A_3	0.128	0.320	0.196	0.193	0	0	0	0.096	0.077	0.062	0.055
A_4	0.058	0.297	0.184	0.146	0.087	0	0.049	0.070	0.061	0.055	0.051
A_5	0.057	0	0	0.729	0.163	0.109	0	0	0	0	0

续表

A	W_A	C_1	C_2	C_3	C_4	C_5	C_6	C_7	C_8	C_9	C_{10}
A_6	0.047	0.334	0.182	0.124	0.073	0.087	0.041	0.063	0.051	0.045	0
A_7	0.168	0.345	0.193	0.130	0.075	0.092	0	0.064	0.055	0	0.047
A_8	0.098	0.310	0.186	0.133	0.076	0.089	0	0.060	0.053	0.046	0.047
W_C		0.305	0.173	0.168	0.069	0.072	0.023	0.062	0.052	0.034	0.041

CR=0.017 8<0.1，满足一致性要求。

通过应用 AHP 层次总排序法，对“任务需求”（**A**）和“任务目标”（**C**）的相关分析得知，在 CZ－×运载火箭研制任务目标中各元素的相对重要度中，最为重要的是 C_1 近地轨道运载能力，其权重达到 0.305，其次为 GTO 运载能力和可靠性指标，即对于该型号运载火箭提高运载能力和可靠性指标是最为重要的任务目标。

3.3　总体方案展开屋

3.3.1　总体方案展开屋的输入和输出因素

系统屋 2——总体方案展开屋（LV2）的输入因素是任务需求分析屋的输出因素“任务目标”（LV1C），总体方案展开屋的输出因素包括“基本技术方案”（LV2D）、“液氧/液氢发动机要求”（LV2E）、“液氧/煤油发动机要求”（LV2F）。这 3 个因素的下属元素如表 3－17、表 3－18 和表 3－19 所示。

表 3－17　“基本技术方案”(LV2D) 各元素的名称和编码

元素编码	元素名称
LV2D1	采用一级半构型
LV2D2	芯级直径为×× m

续表

元素编码	元素名称
LV2D3	芯级使用液氧/液氢推进剂
LV2D4	助推器直径为×× m
LV2D5	助推器使用液氧/煤油推进剂
LV2D6	起飞质量不超过×× t
LV2D7	发射场选择在我国南部沿海
LV2D8	研制牵制释放机构及相应的诊断系统
LV2D9	控制系统采用冗余技术

表 3—18　“液氧/液氢发动机要求”（LV2E）各元素的名称和编码

元素编码	元素名称
LV2E1	发动机单机真空推力不小于×× kN
LV2E2	真空比冲不小于×× m/s
LV2E3	发动机推重比不小于××
LV2E4	发动机混合比可调
LV2E5	研制周期不超过××年
LV2E6	单机可靠性为××（置信度为××）
LV2E7	研制费用不超过总费用的××%

表 3—19　“液氧/煤油发动机要求”（LV2F）各元素的名称和编码

元素编码	元素名称
LV2F1	地面推力不小于×× kN
LV2F2	地面比冲不小于×× m/s
LV2F3	发动机推重比为××

续表

元素编码	元素名称
LV2F4	发动机混合比可调
LV2F5	推力可降低××%
LV2F6	研制周期不超过××年
LV2F7	单机可靠性为××（置信度为××）
LV2F8	研制费用不超过总费用的××%

3.3.2 开展总体方案展开屋分析

在系统屋 2，即总体方案展开屋分析中，第一步，确定作为输出因素的运载火箭的“基本技术方案”（***D***）和技术关键的“液氧/液氢发动机要求”（***E***）、“液氧/煤油发动机要求”（***F***）的各元素；第二步，对这 3 个输出因素应用 AHP 层次总排序法分别进行第二类的相关分析，得出这 3 个输出因素的元素及其相关重要度。

3.3.2.1 “任务目标”和“基本技术方案”的相关分析

应用 AHP 层次总排序法，对总体方案展开屋（LV2）的输入因素“任务目标”（LV1C）和输出因素“基本技术方案”（LV2D）进行相关分析，确定该输出因素的各元素并得出其相关重要度。

（1）确定“任务目标”和“基本技术方案”的相关性

输入因素“任务目标”和输出因素“基本技术方案”的相关性如表 3－20 所示。

表 3－20 “任务目标”和“基本技术方案”的相关性

C \ ***D***	D_1	D_2	D_3	D_4	D_5	D_6	D_7	D_8	D_9
C_1	1	1	1	1	1	1	1	1	1
C_2	1	1	1	1	1	1	1	1	1

续表

C \ D	D_1	D_2	D_3	D_4	D_5	D_6	D_7	D_8	D_9
C_3	1	1	1	1	1	1	0	1	1
C_4	1	1	1	1	1	1	0	0	0
C_5	1	1	0	1	0	0	1	1	1
C_6	1	1	0	0	0	0	1	0	0
C_7	1	1	1	1	1	0	1	1	1
C_8	1	1	1	1	1	0	1	1	1
C_9	1	1	1	1	1	0	1	1	1
C_{10}	1	1	1	1	1	0	0	0	0

（2）进行层次单排序分析

针对“任务目标”各元素（C_1、C_2、C_3、C_4、C_5、C_6、C_7、C_8、C_9、C_{10}）和“基本技术方案”各元素（D_1、D_2、D_3、D_4、D_5、D_6、D_7、D_8、D_9）的层次单排序分析类同于表 3－8～表 3－15，从略。

（3）进行层次总排序

在输入因素与该输出因素的各元素层次单排序分析的基础上，形成“任务目标”因素对“基本技术方案”因素的层次总排序，如表 3－21 所示。

表 3－21　对“基本技术方案”因素各元素的层次总排序

C	W_C	D_1	D_2	D_3	D_4	D_5	D_6	D_7	D_8	D_9
C_1	0.305	0.327	0.209	0.174	0.087	0.061	0.045	0.036	0.033	0.028
C_2	0.173	0.327	0.209	0.174	0.087	0.061	0.045	0.036	0.033	0.028
C_3	0.168	0.354	0.221	0.179	0.082	0.058	0.043	0	0.033	0.030

续表

C	$\boldsymbol{W_C}$	D_1	D_2	D_3	D_4	D_5	D_6	D_7	D_8	D_9
C_4	0.069	0.425	0.242	0.183	0.074	0.046	0.031	0	0	0
C_5	0.072	0.430	0.269	0	0.126	0	0	0.064	0.060	0.050
C_6	0.023	0.627	0.280	0	0	0	0	0.094	0	0
C_7	0.062	0.350	0.216	0.179	0.079	0.062	0	0.042	0.039	0.033
C_8	0.052	0.350	0.216	0.179	0.079	0.062	0	0.042	0.039	0.033
C_9	0.034	0.350	0.216	0.179	0.079	0.062	0	0.042	0.039	0.033
C_{10}	0.041	0.469	0.246	0.182	0.061	0.042	0	0	0	0
$\boldsymbol{W_D}$		0.362	0.222	0.160	0.084	0.053	0.031	0.030	0.031	0.027

CR＝0.017 8＜0.1，满足一致性要求。

通过应用 AHP 层次总排序法，对“任务目标”和“基本技术方案”的相关分析得知，CZ－×的主要技术方案中，按重要度排序前三个元素为 D_1 采用一级半构型、D_2 芯级直径为×× m、D_3 芯级使用液氧/液氢推进剂。这三者是有机联系的。

3.3.2.2 “任务目标”和“液氧/液氢发动机要求”的相关分析

应用 AHP 层次总排序法，对总体方案展开屋（LV2）的输入因素“任务目标”（LV1C）和输出因素“液氧/液氢发动机要求”（LV2E）进行相关分析，确定该输出因素的各元素并得出其相关重要度。

（1）确定“任务目标”和“液氧/液氢发动机要求”的相关性

输入因素“任务目标”和输出因素“液氧/液氢发动机要求”的相关性如表 3－22 所示。

表 3—22　“任务目标”与“液氧/液氢发动机要求”的相关性

C \ E	E_1	E_2	E_3	E_4	E_5	E_6	E_7
C_1	1	1	1	1	1	1	1
C_2	1	1	1	1	1	1	1
C_3	1	1	1	1	1	1	1
C_4	1	1	1	1	1	1	1
C_5	1	1	1	1	1	1	1
C_6	0	0	0	0	0	0	0
C_7	1	1	1	1	1	1	1
C_8	1	1	1	1	1	1	1
C_9	1	1	1	1	1	1	1
C_{10}	1	1	1	1	1	1	1

（2）进行层次单排序分析

针对“任务目标”各元素（C_1、C_2、C_3、C_4、C_5、C_6、C_7、C_8、C_9、C_{10}）和“液氧/液氢发动机要求”各元素（E_1、E_2、E_3、E_4、E_5、E_6、E_7）的层次单排序分析类同于表 3—8～表 3—15，从略。

（3）进行层次总排序

在输入因素与该输出因素的各元素层次单排序分析的基础上，形成“任务目标”因素对“液氧/液氢发动机要求”因素的层次总排序，如表 3—23 所示。

表 3—23 对“液氧/液氢发动机要求”因素各元素的层次总排序

C	W_C	E_1	E_2	E_3	E_4	E_5	E_6	E_7
C_1	0.305	0.118	0.339	0.107	0.083	0.063	0.227	0.063
C_2	0.173	0.118	0.339	0.107	0.083	0.063	0.227	0.063
C_3	0.168	0.118	0.339	0.107	0.083	0.063	0.227	0.063
C_4	0.069	0.118	0.339	0.107	0.083	0.063	0.227	0.063
C_5	0.072	0.118	0.339	0.107	0.083	0.063	0.227	0.063
C_6	0.023	0	0	0	0	0	0	0
C_7	0.062	0.118	0.339	0.107	0.083	0.063	0.227	0.063
C_8	0.052	0.118	0.339	0.107	0.083	0.063	0.227	0.063
C_9	0.034	0.118	0.339	0.107	0.083	0.063	0.227	0.063
C_{10}	0.041	0.118	0.339	0.107	0.083	0.063	0.227	0.063
W_E		0.118	0.339	0.107	0.083	0.063	0.227	0.063

CR＝0.013 2＜0.1，满足一致性要求。

通过应用 AHP 层次总排序法，对“任务目标”和“液氧/液氢发动机要求”的相关分析得知，CZ—×运载火箭液氧/液氢发动机中最为重要的 3 个因素的重要度排序为真空比冲不小于×× m/s (LV2E2)、单机可靠性为××（置信度为××）(LV2E6)、发动机单机真空推力不小于××kN（LV2E1)。可见，该型号运载火箭研制对发动机的性能和可靠性最为关注。

3.3.2.3 “任务目标”和”液氧/煤油发动机要求”的相关分析

应用 AHP 层次总排序法，对总体方案展开屋（LV2）的输入因素“任务目标”(LV1C) 和输出因素“液氧/煤油发动机要求”(LV2F) 进行相关分析，确定该输出因素的各元素并得出其相关重要度。

（1）确定“任务目标”和“液氧/煤油发动机要求”的相关性

输入因素“任务目标”和输出因素“液氧/煤油发动机要求”的相关性如表 3—24 所示。

表 3—24　“任务目标”和“液氧/煤油发动机要求”的相关性

C \ F	F_1	F_2	F_3	F_4	F_5	F_6	F_7	F_8
C_1	1	1	1	1	1	1	1	1
C_2	1	1	1	1	1	1	1	1
C_3	1	1	1	1	1	1	1	1
C_4	1	1	1	1	1	1	1	1
C_5	1	1	1	1	1	1	1	1
C_6	0	0	0	0	0	0	0	0
C_7	1	1	1	1	1	1	1	1
C_8	1	1	1	1	1	1	1	1
C_9	1	1	1	1	1	1	1	1
C_{10}	1	1	1	1	1	1	1	1

（2）进行层次单排序

针对“任务目标”（LV1C）各元素（C_1、C_2、C_3、C_4、C_5、C_6、C_7、C_8、C_9、C_{10}）和“液氧/煤油发动机要求”（LV2F）各元素（F_1、F_2、F_3、F_4、F_5、F_6、F_7、F_8）的层次单排序分析类同于表 3—8～表 3—15，从略。

（3）进行层次总排序

在输入因素与该输出因素的各元素层次单排序分析的基础上，形成“任务目标”因素对”液氧/煤油发动机要求”因素的层次总排序，如表 3—25 所示。

表 3—25　对”液氧/煤油发动机要求”因素各元素的层次总排序

C	W_C	F_1	F_2	F_3	F_4	F_5	F_6	F_7	F_8
C_1	0.305	0.281	0.209	0.108	0.076	0.061	0.054	0.157	0.054
C_2	0.173	0.281	0.209	0.108	0.076	0.061	0.054	0.157	0.054
C_3	0.168	0.281	0.209	0.108	0.076	0.061	0.054	0.157	0.054
C_4	0.069	0.281	0.209	0.108	0.076	0.061	0.054	0.157	0.054
C_5	0.072	0.281	0.209	0.108	0.076	0.061	0.054	0.157	0.054
C_6	0.023	0	0	0	0	0	0	0	0
C_7	0.062	0.281	0.209	0.108	0.076	0.061	0.054	0.157	0.054
C_8	0.052	0.281	0.209	0.108	0.076	0.061	0.054	0.157	0.054
C_9	0.034	0.281	0.209	0.108	0.076	0.061	0.054	0.157	0.054
C_{10}	0.004 1	0.281	0.209	0.108	0.076	0.061	0.054	0.157	0.054
W_F		0.281	0.209	0.108	0.076	0.061	0.054	0.157	0.054

CR＝0.013 1＜0.1，满足一致性要求。

通过应用 AHP 层次总排序法，对“任务目标”和“液氧/煤油发动机要求”的相关分析得知，CZ－×运载火箭液氧/煤油发动机中最为重要的 3 个因素为地面推力不小于××kN（LV2F1）、地面比冲不小于××m/s（LV2F2）和单机可靠性为××（置信度为××）(LV2F7)。可见，该型号运载火箭研制中这种新型发动机的性能和可靠性最为重要，对其应提出更高的要求。

3.4　液氧/液氢发动机展开屋

3.4.1　液氧/液氢发动机展开屋的输入和输出因素

系统屋 3——液氧/液氢发动机展开屋（LV3）的输入因素是系统

屋 2 的输出因素“液氧/液氢发动机要求”（LV2E），输出因素是“液氧/液氢发动机技术方案”（LV3G），其下属元素如表 3—26 所示。

表 3—26　“液氧/液氢发动机技术方案”（LV3G）各元素的名称和编码

元素编码	元素名称
LV3G1	提高燃烧室压力
LV3G2	在现有发动机基础上采取提高比冲的改进措施
LV3G3	采用燃气发生器循环
LV3G4	采用复合材料结构
LV3G5	借用现有成熟零、部、组件，并应用并行工程方法
LV3G6	充分借鉴现有产品成熟的设计与工艺技术并进行可靠性改进
LV3G7	优化推进剂调节装置
LV3G8	采用数字化模装、仿真分析等减少研制试验成本

3.4.2　开展液氧/液氢发动机展开屋分析

液氧/液氢发动机展开屋（LV3）的分析主要是应用 AHP 层次总排序法，对 LV3 的输入因素“液氧/液氢发动机要求”（LV2E）和输出因素“液氧/液氢发动机技术方案”（LV3G）进行相关分析，得出“液氧/液氢发动机技术方案”的各元素及其相关性和重要度，以便于设计人员对采用液氧/液氢发动机方案的利弊和可行性有进一步理解。

3.4.2.1　确定“液氧/液氢发动机要求”和“液氧/液氢发动机技术方案”的相关性

由于液氧/液氢发动机展开屋的输入因素只有一个，即“液氧/液氢发动机要求”，该分析屋的输出因素也只有一个，即“液氧/液氢发动机技术方案”，因此这两个因素的各元素之间都具有两两相关性。

3.4.2.2　进行层次单排序分析

针对“液氧/液氢发动机要求”各元素（E_1、E_2、E_3、E_4、E_5、E_6、E_7）和“液氧/液氢发动机技术方案”各元素（G_1、G_2、G_3、G_4、G_5、G_6、G_7、G_8）的层次单排序分析类同于表 3－8～表 3－15，从略。

3.4.2.3　进行层次总排序

在输入因素与该输出因素的各元素层次单排序分析的基础上，形成“液氧/液氢发动机要求”因素对“液氧/液氢发动机技术方案”因素的层次总排序，如表 3－27 所示。

表 3－27　对“液氧/液氢发动机技术方案”因素各元素的层次总排序

E	W_E	G_1	G_2	G_3	G_4	G_5	G_6	G_7	G_8
E_1	0.118	0.285	0.243	0.104	0.064	0.057	0.144	0.052	0.052
E_2	0.339	0.285	0.243	0.104	0.064	0.057	0.144	0.052	0.052
E_3	0.107	0.285	0.243	0.104	0.064	0.057	0.144	0.052	0.052
E_4	0.083	0.285	0.243	0.104	0.064	0.057	0.144	0.052	0.052
E_5	0.063	0.285	0.243	0.104	0.064	0.057	0.144	0.052	0.052
E_6	0.227	0.285	0.243	0.104	0.064	0.057	0.144	0.052	0.052
E_7	0.063	0.285	0.243	0.104	0.064	0.057	0.144	0.052	0.052
W_G		0.285	0.243	0.104	0.064	0.057	0.144	0.052	0.052

$CR=0.0183<0.1$，满足一致性要求。

通过应用 AHP 层次总排序法，对“液氧/液氢发动机要求”和“液氧/液氢发动机技术方案”的相关分析得知，CZ－×运载火箭液氧/液氢发动机方案中最为重要的 3 个因素的重要度排序为提高燃烧室压力(LV3G1)、在现有发动机基础上采取提高比冲的改进措施(LV3G2)、充分借鉴现有产品成熟的设计与工艺技术并进行可靠性改进（LV3G6）。可见，该型发动机技术方案主要是在继承的基础上进行改进、创新，在技术创新的同时，也应进行研制程序和方法的创新，包括实施并行工程和更多地采用数字化模装、仿真分析等方法。

3.5　液氧/煤油发动机展开屋

3.5.1　液氧/煤油发动机展开屋的输入和输出因素

系统屋4——液氧/煤油发动机展开屋（LV4）的输入因素是系统屋2的输出因素“液氧/煤油发动机要求”（LV2F），输出因素是“液氧/煤油发动机技术方案”（LV4H），其下属元素如表3—28所示。

表3—28　“液氧/煤油发动机技术方案”（LV4H）各元素的名称和编码

元素编码	元素名称
LV4H1	提高燃烧室压力
LV4H2	针对地面比冲进行专项技术攻关
LV4H3	采用补燃循环
LV4H4	采用混合比调节系统
LV4H5	采用复合材料结构
LV4H6	充分借鉴其他发动机技术方案
LV4H7	研制阶段进行充分的强化试验
LV4H8	采用数字化模装、仿真分析等减少研制试验成本

3.5.2　开展液氧/煤油发动机展开屋分析

液氧/煤油发动机展开屋（LV4）的分析主要是应用AHP层次总排序法，对输入因素“液氧/煤油发动机要求”（LV2F）和输出因素“液氧/煤油发动机技术方案”（LV4H）进行相关分析，得出“液氧/煤油发动机技术方案”的各元素及其相关性和重要度，以便于设计人员对采用“液氧/煤油发动机技术方案”的利弊和可行性有进一步理解。

3.5.2.1 确定“液氧/煤油发动机要求”和“液氧/煤油发动机技术方案”的相关性

由于液氧/煤油发动机展开屋的输入因素只有一个，即“液氧/煤油发动机要求”，该分析屋的输出因素也只有一个，即“液氧/煤油发动机技术方案”，因此这两个因素的各元素之间都具有两两相关性。

3.5.2.2 进行层次单排序

针对“液氧/煤油发动机要求”各元素（F_1、F_2、F_3、F_4、F_5、F_6、F_7、F_8）和“液氧/煤油发动机技术方案”各元素（H_1、H_2、H_3、H_4、H_5、H_6、H_7、H_8）的层次单排序分析类同于表 3—8～表 3—15，从略。

3.5.2.3 进行层次总排序

在输入因素与输出因素的各元素层次单排序分析的基础上，形成“液氧/煤油发动机要求”因素对“液氧/煤油发动机技术方案”因素的层次总排序，如表 3—29 所示。

表 3—29 对“液氧/煤油发动机技术方案”因素各元素的层次总排序

F	W_F	H_1	H_2	H_3	H_4	H_5	H_6	H_7	H_8
F_1	0.281	0.269	0.169	0.118	0.091	0.063	0.067	0.169	0.054
F_2	0.209	0.269	0.169	0.118	0.091	0.063	0.067	0.169	0.054
F_3	0.108	0.269	0.169	0.118	0.091	0.063	0.067	0.169	0.054
F_4	0.076	0.269	0.169	0.118	0.091	0.063	0.067	0.169	0.054
F_5	0.061	0.269	0.169	0.118	0.091	0.063	0.067	0.169	0.054
F_6	0.054	0.269	0.169	0.118	0.091	0.063	0.067	0.169	0.054
F_7	0.157	0.269	0.169	0.118	0.091	0.063	0.067	0.169	0.054
F_8	0.054	0.269	0.169	0.118	0.091	0.063	0.067	0.169	0.054
W_H		0.269	0.169	0.118	0.091	0.063	0.067	0.169	0.054

CR=0.038 4<0.1，满足一致性要求。

通过应用AHP层次总排序法，对“液氧/煤油发动机要求”和“液氧/煤油发动机技术方案”的相关分析得知，CZ－×运载火箭液氧/煤油发动机技术方案中最为重要的3个因素为提高燃烧室压力（LV4H1）、针对地面比冲进行专项技术攻关（LV4H2）、研制阶段进行充分的强化试验（LV4H7）。可见，该方案中提高发动机的推力、减少运载火箭自重以提高地面比冲、强化研制试验（包括可靠性试验）最为重要。

在CZ－×运载火箭总体方案论证过程中，应用系统屋应用软件进行相关分析及其一致性的计算和判别，对8个因素及其68个元素进行系统展开和综合权衡，提出了一系列明确且较为定量化的论证结论。

该案例分析人员在应用案例报告中提出，利用系统屋技术进行CZ－×运载火箭总体方案论证，打破了传统的以产品为中心的分析方法，引入了以顾客需求为中心的分析手段，具体体现在以下几个方面：

1）作为产品或复杂系统早期研制过程中的一种辅助分析手段，系统屋方法强调了顾客对产品的需求。从应用案例就可以看出，CZ－×运载火箭的一系列方案的展开，都是以任务需求为前提的；而且，这些方案的合理性都经过了数学方法的系统验证。

2）由于系统屋方法本身是一种考虑多因素的分析方法，因此，进行方案分析时，考虑得更加全面，分析得更加系统和深入，得出的最后方案也更能体现综合权衡的结果。

3）系统屋方法利用层次分析法计算权重和进行相关分析，利用一致性检验方法保证系统方案中因素间以及元素间最大的协调合理，从而在一定程度上消除了人为打分的主观因素所造成的不一致现象，并且可通过反复迭代分析的过程产生更加合理的结果。

4）系统屋方法建立了一套完整的因素间及所属元素间相对关系及相对重要度体系，为产品或复杂系统研制人员在早期研制过程中的技术分析和决策提供了辅助分析工具。以 CZ－×运载火箭为例，根据专家对方案打分，列出了每一因素最重要的 3 个元素并给出它们间的相互关系。根据这些元素权重和关系，可以确定在完成运载火箭研制过程中，需要优先考虑和解决的方案。

5）系统屋应用软件通过计算机实现了复杂的数学计算，大大减轻了应用系统屋方法进行分析的人员的工作量，而且软件人机界面交互良好、简单实用。

第4章　故障模式、影响及危害性分析(FMECA)方法

4.1　FMECA的产生和发展

4.1.1　FMEA在美国的产生和发展

20世纪50年代初，美国格鲁门飞机公司在设计战斗机操纵系统时应用了故障模式与影响分析（Failure Mode and Effects Analysis，FMEA）的构思，取得了良好的效果。1964年，J·S·库廷伯在纽约科学院提出了对FMEA的正式描述。60年代中期，美国将FMEA技术用于重大的航天工程——阿波罗计划。70年代，美国国防部发布了美军标MIL-STD-1692《舰船故障、影响及危害性分析》，此后，又颁布了MIL-STD-2070（AS）《航空设备的故障、影响及危害性分析程序》。1980年MIL-STD-1629A得到修订发布。该标准内容比较详尽，长期使用。

20世纪70年代末和80年代初，FMEA技术相继开始应用于汽车、医疗设备、微电子等行业。1988年，美国联邦航空局发布咨询通报要求所有的航空系统设计及分析都必须使用FMEA。同年，美国空军发布的《可靠性和维修性2000大纲》将FMEA作为重要的设计工具。也是在同年，美国国防部修订发布的MIL-STD-1543B《航天器和运载器可靠性大纲要求》中首先规定应在产品的生产过程中进行工艺FMEA，以避免在生产制造过程中产生新的失效模式。

1994年7月，美国汽车工程师协会（SAE）发布了SAEJ-1739《设计潜在失效模式及影响分析（设计FMEA）和制造、装配工艺潜

在失效模式及影响分析（工艺 FMEA）参考手册》，以汽车行业的实践为背景规范了设计 FMEA 和工艺 FMEA 方法。不久，设计 FMEA 和工艺 FMEA 作为质量体系认证要求，成为美国汽车行业 QS9000 系列手册的重要内容。

可见，FMEA 首先是在美国的航空、航天、船舶、汽车、电子等领域提出和有效应用。美国军方对武器装备的承包商应用 FMEA 也给予高度重视。

4.1.2 FMEA 在全球的传播

FMEA 技术从美国传到日本等国家后，得到了推广应用。早在 1983 年，日本科技联盟出版的可靠性丛书中，《失效模式和影响分析与故障树分析的应用》作为单独的一卷，内容涉及设计 FMEA、工艺 FMEA 和设备 FMEA 等。

2001 年，欧洲空间标准化合作组织（ECSS）发布 ECSS－Q－30－02A《失效模式、影响及危害性分析（FMECA）》，将其作为空间产品保证的支撑性标准，其中包括设计 FMECA 和过程（包括工艺过程）FMECA。

1998 年，美国电子工业协会（EIA）颁布了 EIA/JEP131《故障模式与影响分析（FMEA）》，指导元器件设计和装配过程的 FMEA 实施。2002 年，在美国汽车行业 QS9000 标准的基础上，国际标准化组织发布的 ISO/TS16949：《质量管理体系　汽车生产件及相关维修零件组织应用 GB/T19001—2000 的特别要求》标准中，应用 FMEA 作为质量体系认证要求。这样，FMEA 就通过国际标准推广到全球范围。

4.1.3 FMEA 在我国国防工业的引入和推广应用

20 世纪 80 年代开始，我国国防工业引入 FMEA，相继发布了一系列 FMEA 的国家军用标准、行业标准和指令性文件。例如，1992 年发布了 FMECA 的国家军用标准；1995 年航天工业总公司编写印发了《“三F”技术培训教材》，开展了广泛的FMEA培训；同年航空工业总公司发布了FMECA的航空标准；1996年航天工业总公司发布了FMECA的航天标准，并在1998年发布的航天产品可靠性保证要求的标准中进一步明确提出了产品从设计到制造的FMECA等要求；2006年，发布了修订后的FMECA的国家军用标准。该标准适用于产品全寿命周期，与原标准相比，增加了软件FMECA、过程FMECA等内容，并提供了大量的应用案例。

在这一时期，国务院主管国防科技工业的政府部门和总装备部等领导机关在一系列质量管理文件中明确提出在武器装备研制生产过程中应用FMEA的要求。

这样，在我国国防工业通过借鉴国外先进标准和国际标准，学习发达国家，尤其是美国航空航天领域和军方应用FMEA的做法和经验，通过管理文件、规章、标准、规范、指南、工程手册等，把FMEA作为可靠性工作中最重要、最基础的方法加以明确要求和大力推广应用，并取得了显著的成效。

目前，在国防科技工业，型号产品设计工作中比较普遍地应用了硬件FMEA，对系统FMEA、功能FMEA和工艺FMEA开展了研究和推广工作，在部分单位、型号产生了不少应用FMEA较好的案例，但总体上讲，FMECA的研究与应用的广泛性和有效性还很不够，尤其是系统FMEA、功能FMEA、工艺FMEA、试验FMEA、接口FMEA和危害性分析的研究与应用还不多、不深入、不系统。

4.2　FMECA的概念和作用

FMECA技术是从工程实践中总结提炼出来的科学方法，是一种有效且易掌握的可靠性分析技术。

FMECA的思路是针对约定的分析对象，识别其潜在的不能达到预期目的的现象，分析可能导致这些现象的原因和影响及其严重程度和危害性，在此基础上，提出有针对性的措施建议，列出潜在问题和建议的措施及其优先顺序，为决策提供依据，以减少或消除不能达到预期目的的风险。

广义上讲，FMECA 是一种事前预防性的以非预期不良现象为出发点的反向思维方式，适合于任何一种事物。它既适用于一个产品，也适用于一件事项。正是按照 FMECA 思路，FMECA 的应用范围在不断扩展。设计、生产、服务等工作均可应用 FMECA。在某些情况下，人也可以作为 FMECA 的分析对象，如分析人的操作差错等。

针对产品的研制生产而言，FMECA 是一种可靠性评估和设计技术，用于在一定的规则和基础数据的支持下，首先识别并判断产品中可能存在的故障及其表现形式，将其称为“故障模式”，然后以所识别的每一个故障模式为出发点，对其逐一分析可能导致发生的原因，逐一分析其对本层次产品和上层次产品甚至整个产品系统的后果和影响，发现产品的关键部分和薄弱环节，对根据后果的严重程度、发生概率和检测难度而构成的风险程度进行排序，最终提出在设计和生产过程中需要实施的预防、改进措施或使用补偿措施，提出进行重点控制项目的清单，其目的是消除或减少故障发生的可能性，以保证和提高其可靠性。

可见，FMECA 是分析产品中所有可能的故障模式及其可能产生的影响，并按每一个故障模式产生影响的严重程度及其发生概率与危害程度予以分类的一种归纳分析技术。

FMECA 由故障模式与影响分析（FMEA）和危害性分析（CA）两部分组成，是在 FMEA 的基础上增加了 CA。也可以讲，FMECA 的工作可分为两个大的步骤：第一步是进行 FMEA，第二步是进行 CA。FMECA 是产品可靠性分析的一个重要的工作项目，也是开展维修性分析、安全性分析、测试性分析和保障性分析的基础。

工程实践证明，有效的 FMECA 具有以下几个方面的作用：

1）通过实施有计划的规范的 FMECA 工作，确保对设计中可能存在的各类故障模式及其后果进行系统、全面的分析，为评价设计和比较、选择设计方案提供依据；

2）为对潜在故障的诊断、隔离和采取措施提供相应的信息，为进一步的可靠性、安全性、维修性、保障性设计、分析、试验和评审提供信息和技术决策依据；

3）揭示产品设计、生产工艺过程的缺陷和薄弱环节，为设计、工艺改进和质量控制提供依据；

4）为策划试验活动和制订试验计划提供相关的信息；

5）为确定测试方法、故障检修技术、质量检验点等提供支持；

6）为积累设计经验，编制设计手册充实信息。

4.3　FMECA 的类型

FMECA 的对象可以是各个层次、各种类型的产品。在复杂产品的研制过程，FMECA 的范围应涉及产品任务周期内的所有任务阶段，即 FMECA 适用于产品在论证、方案、工程研制与定型、生产和使用等寿命周期的各阶段。由于 FMECA 首先是用于硬件产品设计的可靠性分析方法，因此 FMECA 在硬件产品设计中的应用最为成熟和广泛。

4.3.1　系统 FMEA

系统 FMEA，也称概念 FMEA，是在产品研发的早期概念设计阶段用于针对分析系统和分系统中，由于系统缺陷而引起影响系统功能正常发挥的潜在故障模式。系统 FMEA 需要考虑系统与系统之间以及系统内部组成之间的交互作用。

系统 FMEA 的结果应用于定义和证明效能、性能与费用之间的平衡。系统 FMEA 必须将其要求建立在顾客的需求和期望的基础上，其信息可通过应用 QFD 取得，即进行 FMEA 首先是针对问题进行可行性研究并提出一系列有效的解决办法。这第一步的目标是确认、建立和评估具有选择性的技术方法和功能基线。

系统 FMEA 的重点是：

1）用系统性能参数来描述工作要求，并尽可能通过交互的功能分析、综合、优化、定义、设计、试验以及评估过程将这些工作要求转化为系统配置；

2）综合相关的技术参数，保证所有的物理、功能以及项目接口的兼容性，在某种意义上优化整个系统的定义和设计；

3）综合考虑可靠性、维修性、工程保障、人为因素、安全性、结构完整性、可生产性以及其他相关特性。

系统 FMEA 的输出作为设计 FMEA 的输入，包括以下内容：

1）按风险顺序排列的潜在故障模式清单；

2）能够探测潜在故障系统模式的系统功能清单；

3）消除潜在故障模式、安全问题和减少发生度的设计措施清单等。

系统 FMEA 的益处是：

1）辅助选择系统设计的最佳方案；

2）辅助确定冗余设计；

3）辅助确定系统级诊断方案；

4）考虑潜在问题的可能性；

5）标识潜在系统故障以及故障与其他系统或子系统的相互作用等。

由于系统 FMEA 是在产品研发的早期概念设计阶段用于分析系统和分系统的，若开展 CA，通常其只能是定性的。

4.3.2 设计 FMEA

设计 FMEA 是在设计定型或技术状态冻结之前，确定潜在的或已知的故障模式，并提供进一步改进措施的一种规范化的分析方法。它是以产品设计为对象进行的分析活动，着重识别产品设计中存在的薄弱环节和关键项目，其目的是对由系统 FMEA 和用户提出的功能要求，确定和描述相应的工程解决方案，为提高产品可靠性和完善产品设计提供依据。

设计 FMEA 的益处是：

1）为产品设计通过验证和测试提供信息；

2）协助确认潜在危害性和关键特性；

3）协助评估设计需求和备选方案；

4）协助确定和消除潜在安全隐患；

5）协助在产品开发早期确定产品缺陷，为设计改进措施建立优先顺序；

6）记录变更的理性推理过程等。

当设计 FMEA 中发现的故障模式的根本原因是由于系统不正确所引起的，应考虑重新进行相应的系统 FMEA。

设计 FMEA 分为功能 FMEA 和硬件 FMEA。在型号工程中，功能 FMEA 和硬件 FMEA 可独立进行，也可以根据需要结合使用。对于复杂系统，FMEA 通常采用功能 FMEA 和硬件 FMEA 相结合的方法。

4.3.2.1　功能 FMEA

功能 FMEA 是根据产品的每个功能故障模式，对各种可能导致该功能故障原因及其影响进行分析。使用这种方法时，应将输出功能一一列出。功能 FMEA 一般适用于产品的构成尚未确定或不完全确定时，即适用于产品的论证、方案阶段或工程研制的早期。功能 FMEA 重点考虑分析对象的功能故障模式。

开展功能 FMEA，首先需要对产品的功能进行分类，确定并准确描述产品的每个功能及其所有潜在的故障模式。为此，分析人员需要掌握系统及功能故障的定义、系统功能框图、工作原理、边界条件及假设。

功能 FMEA 结果相对比较概括，可以获得的信息包括严酷度Ⅰ类和Ⅱ类故障模式清单、关键项目清单、整体方案建议等。功能

FMEA 应随着设计成熟过程而逐步深化和转换，或随着设计更改而更新。

4.3.2.2 硬件 FMEA

硬件 FMEA 是根据硬件产品的每个故障模式，对各种可能导致该故障模式的原因及其影响进行分析。硬件 FMEA 通常用于产品的工程研制阶段，这时可以获得硬件产品的相关信息和数据。

硬件 FMEA 以每个分析对象的硬件故障模式为分析的出发点，需要列出每个独立的硬件产品，分析其所有可能的故障模式及其影响。其分析方式一般是从低层次产品开始，自下而上，通过迭代向更高级别的产品层次进行分析。

为进行硬件 FMEA，分析人员需要掌握产品的原理或相关技术知识，产品层次定义，功能框图和可靠性框图，产品的构成清单，以及元器件清单、零部件清单、材料明细表等。

最终的硬件 FMEA 活动通常在设计提供原理图、装配图及部件和产品配套明细表等资料后进行。

硬件 FMEA 结果比较严格，比较具体且应用广泛，可以获得的输出包括严酷度Ⅰ类和Ⅱ类故障模式清单、关键项目清单、单点故障清单、不能检测的故障清单，以及采取预防、改进和使用补偿的措施建议等。

4.3.3 过程 FMEA

过程 FMEA 是重点以产品研制、生产、试验的过程为对象进行的分析活动，通过对过程中人员、机器、方法、材料、测量和环境的考虑来进行分析。它着重识别过程中可能存在的缺陷、薄弱环节和关键项目，对其可能造成的各种问题加以预防和控制，从而改进过程，减少风险。

过程 FMEA 可提供的输出包括：

1）按风险排序的潜在故障模式清单；

2）潜在关键、重要的特性清单；

3）针对潜在危害性和关键特性需要采取的改进措施。

工艺 FMEA 以产品加工过程为分析对象，是过程 FMEA 中最为主要的一种。工艺 FMEA 可以识别在生产加工中是否会由于某些特定的工艺故障模式，而影响产品设计要求的实现。根据工艺 FMEA 的分析结果，可提出对工艺过程的改进措施。工艺 FMEA 应在工艺设计完成前和生产所用的工艺装备最终确定前完成，应考虑产品各个生产环节的所有相关活动。

4.3.4　其他类型的 FMEA

其他类型的 FMEA 有接口 FMEA、软件 FMEA 等。

接口 FMEA 是对系统各组成部分接口进行分析。通过接口 FMEA 可以识别系统的一个组成部分、中间连接件（如电路，液、气管路等）、接插件等的故障模式，分析和评价是否会引起系统的其他组成部分的损坏和性能的退化从而影响产品的工作。

软件 FMEA 是对软件以及包含软件产品的硬件系统进行分析。其分析重点在于识别和评价软件故障及其造成的影响，为软件改进及系统设计提供依据。

4.3.5　CA 的类型

CA 是 FMEA 的扩展和继续。CA 的内容是根据每一个故障模式所造成后果的严酷度类别及故障模式的发生可能性，对其进行综合度量。通过 CA 可以得到关于故障情况的更为详细的信息，从而为设计决策提供更为具体的数据依据。

CA 结果应随着工程研制的进展不断更新。在 FMEA 对故障模式的各级影响进行评价之后，CA 才能完成。对于同一产品层次的分析，CA 结果应与 FMEA 结果相对应。FMEA 记录中的信息，如识别号码、产品功能、故障模式和原因、任务阶段及严酷度分类等，可直接作为 CA 工作的相应信息加以记录。

CA 分为定性分析和定量分析。分析人员应根据分析的产品层次和可获得的故障率数据决定使用的分析方法。定量 CA 是使用产品具体数据计算危害性（度）数值的分析方法。用定量分析法进行 CA 需要各个层次产品的故障率数据。故障率数据可以通过多种渠道获得。当不能获得准确的产品故障率数据时，故障模式发生的可能性可使用预先定义的级别来定性描述，即进行 CA 的定性分析。此时，故障发生可能性等级的划分根据分析人员对故障模式发生频率的判断加以确定和明确描述，并侧重分析会造成严重影响的故障。故障发生可能性等级划分应该随着系统设计成熟过程进行修改，当可以获得有效的故障率数据时，应该进行定量分析，以得到更为准确、具体的危害度的数值。

4.4　FMECA 的方式

4.4.1　功能及硬件故障模式与影响分析

开展 FMECA 的主要方式是填写 FMEA 表和 CA 表，以及绘制危害性矩阵图。功能及硬件 FMEA 表的形式如表 4—1 所示。

表 4—1　功能及硬件故障模式与影响分析表

初始约定层次　　任务　　审核　　第　页　共　页

约定层次　　分析人员　　批准　　填表日期

代码	产品或功能标志	功能	故障模式	故障原因	任务阶段与工作方式	故障影响			严酷度类别	故障检测方法	设计改进措施	使用补偿措施	备注
						局部影响	高一层次影响	最终影响					
(1)	(2)	(3)	(4)	(5)	(6)	(7—1)	(7—2)	(7—3)	(8)	(9)	(10)		(11)

表 4－1 的表头，“初始约定层次”填写“初始约定层次”的产品名称；“约定层次”填写正在被分析的产品紧邻的上一层次产品；“任务”填写“初始约定层次”所需完成的任务。若初始约定层次具有不同的任务，则应分开填写 FMEA 表。

表 4－1 中：

代码——对每一产品采用一种编码体系进行标识；

产品或功能标志——记录被分析产品功能的名称与标志；

功能——简要描述产品所具有的主要功能；

故障模式——根据故障分析的结果，依次填写每一产品的所有故障模式；

故障原因——根据故障分析的结果，依次填写每一故障模式的所有原因；

任务阶段与工作方式——根据任务剖面依次填写发生故障时的任务阶段与该阶段内的产品的工作方式；

故障影响——根据故障影响分析的结果，依次填写每一个故障模式的局部、高一层次和最终影响；

严酷度类别——根据最终影响分析的结果，按每个故障模式确定其严酷度类别；

故障检测方法——根据产品故障模式原因、影响等分析结果，依次填写故障检测方法；

设计改进措施或使用补偿措施——根据故障影响、故障检测等分析结果依次填写设计改进措施与使用补偿措施；

备注——简要记录对其他栏的注释和补充说明。

4.4.2　危害性分析

4.4.2.1　危害性分析表和危害性矩阵图的形式和内容

设计分析使用的典型功能和硬件的 CA 表格形式如表 4－2 所示。

表 4—2 危害性分析表

初始约定层次 任务 审核 第 页 共 页

约定层次 分析人员 批准 填表日期

代码	产品或功能标志	功能	故障模式	故障原因	任务阶段与工作方式	严酷度类别	故障模式概率等级或故障率数据源	故障率 λ_p	故障模式频数比 α_j	故障影响概率 β_j	工作时间 t	故障模式危害度 C_{mj}	产品危害度 $C_r=\sum C_{mj}$	备注
(1)	(2)	(3)	(4)	(5)	(6)	(7)	(8)	(9)	(10)	(11)	(12)	(13)	(14)	(15)

表 4—2 中，表头及表格前 7 栏的内容与表 4—1，即与 FMEA 表相同。第八栏“故障模式概率等级或故障率数据源”，在定性 CA 时，由于没有故障率数据，只能填写故障模式发生概率等级。通常，按故障模式发生概率与产品在该期间内总的故障概率的百分比，把故障模式发生概率分为 5 个等级，即：

1）A 级为经常发生的故障模式，其发生概率为大于或等于总故障概率的 20%；

2）B 级为有时发生的故障模式，其发生概率大于或等于总故障概率的 10%，但小于 20%；

3）C 级为偶然发生的故障模式，其发生概率大于或等于总故障概率的 1%，但小于 10%；

4）D 级为很少发生的故障模式，其发生概率大于或等于总故障概率的 0.1%，但小于 1%；

5）E 级为极少发生的故障模式，其发生概率小于总故障概率的 0.1%。

在进行定量 CA 时，需填写 CA 表的下列内容：

1）故障率 λ_p——产品在任务阶段中、工作状态下的故障率；

2）故障模式频数比 α_j——产品在第 j 个故障模式的发生概率与该产品全部故障发生概率之比，一般可通过统计、试验、预测等方法获得；

3）故障影响概率 β_j——假定产品第 j 个故障模式已发生时，其故障影响导致初始约定层次出现某严酷度类别后果的条件概率；其度量一般分为“必然”、“很可能”、“有可能”、“不能” 4 种情况，每一种情况可给出一个 β 数值；

4）工作时间 t——任务阶段内的产品工作时间；

5）故障模式危害度 C_{mj}——产品危害度的一部分，是指产品在工作时间 t 内，以第 j 个故障模式发生的某严酷度等级下的危害度，即在给定的严酷度类别下，被分析对象某个故障模式的危害度，其计算公式为 $C_{mj}=\alpha_j\beta_j\lambda_p t$；

6）产品危害度 C_r——当产品的 n 个故障模式且属于同一个严酷度类别时，则故障模式的总危害度为 $C_r=\sum C_{mj}$；

7）备注——对其他栏的注释和补充。

进行危害性的定性或定量分析时，均可通过绘制危害性矩阵来识别和比较其故障模式危害度及严酷度，作为确定纠正措施优先顺序的工具。典型的危害性矩阵如图 4－1 所示。

4.4.2.2　风险优先数方法

风险优先数（RPN）方法是一种常用的危害性分析方法。该方法是对产品的每个故障模式的风险优先数值进行排序，并采取相应的措施使 RPN 值达到可接受的水平。在功能和硬件 FMECA 分析中，产品某个故障模式的 RPN 值等于该故障影响严酷度等级（ESR）和发生概率等级（OPR）的乘积。RPN 的数值越高，则危害性越大。计算 RPN 的 ESR 和 OPR 的评分准则分别见表 4－3 和表 4－4。

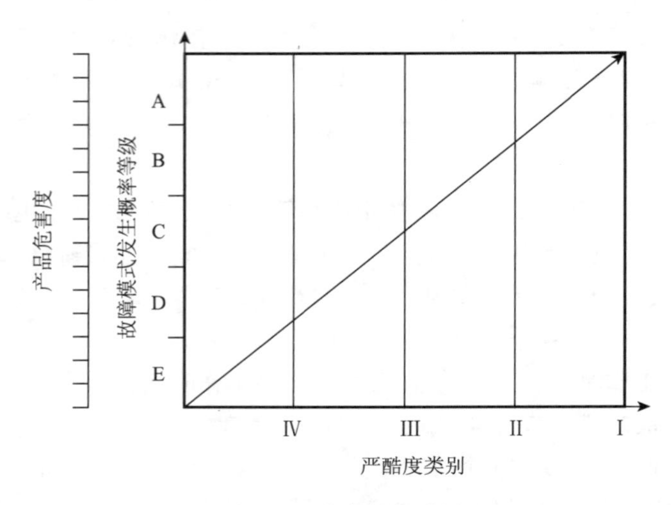

图 4—1　危害性矩阵图

在图 4—1 中，为便于使用，纵坐标同时列出产品危害度和发生概率等级。

表 4—3　故障影响严酷度等级的评分准则

ESR 评分等级	故障影响的严重程度	
1，2，3	轻度的	不足以导致人员伤害、产品轻度损坏、财产轻度损失及环境轻度损害，但会导致非计划的维护或修理
4，5，6	中等的	导致人员中等程度伤害、产品中等程度损坏、任务延误或降级、财产中等程度损失及环境中等程度损害
7，8	严重的	导致人员严重伤害、产品严重损坏、任务失败、财产严重损失及环境严重损害
9，10	灾难的	导致人员死亡、产品（飞机、坦克、导弹及船舶等）毁坏，财产重大损失和环境重大损害

表4—4 故障发生概率等级的评分准则

OPR 评分等级	故障模式发生的可能性	故障模式发生概率 P_m 参考范围
1	极低	$P_m \leqslant 10^{-6}$
2，3	较低	$1\times10^{-6} < P_m \leqslant 1\times10^{-4}$
4，5，6	中等	$1\times10^{-4} < P_m \leqslant 1\times10^{-2}$
7，8	高	$1\times10^{-2} < P_m \leqslant 1\times10^{-1}$
9，10	非常高	$P_m > 10^{-1}$

可见，应从降低ESR和OPR两个方面提出改进措施。在分析过程中，当RPN值相同时，应对严酷度等级高的故障给予更大的关注。

4.4.3 其他 FMECA 分析

工艺FMECA表的结构如表4—5所示。

表4—5 工艺FMECA表

产品名称（标识）(1)　　生产过程（3）　　审核　　第　页　共　页

所属装备/型号（2）　　分析人员　　批准　　填表日期

工序名称	工序功能/要求	故障模式	故障原因	故障影响			改进前的风险优先数				改进措施	责任部门	改进措施执行情况	改进措施执行后的风险优先数				备注
				下道工序影响	组件影响	装备影响	严酷度S	发生概率等级O	检测度D	风险优先数RPN				严酷度S	发生概率等级O	检测度D	风险优先数RPN	
(4)	(5)	(6)	(7)	(8)			(9)				(10)	(11)	(12)	(13)				(14)

嵌入式软件FMECA表的结构如表4—6所示。

表 4—6 嵌入式软件 FMECA 表

初始约定层次　　任务　　审核　　第　页　共　页

约定层次　　分析人员　　批准　　填表日期

代码	单元	功能	故障模式	故障原因	故障影响			严酷度类别	危害性分析				改进措施	备注
					局部影响	高一层次影响	最终影响		软件影响严酷度等级 SESR	软件发生概率等级 SOPR	软件检测难度等级 SDDR	软件风险优先数 SRPN		
	在 CSCI、CSC 或 CSU 的软件单元名	单元执行的主要功能	与功能、性能有关的所有故障模式	导致故障模式发生的可能原因	根据故障影响分析结果，依次填写软件故障模式的局部、高一层次和最终影响			按故障最终影响严重程度确定	分别按软件影响严酷度等级、软件故障发生概率等级、软件故障检测难度等级的评分准则取值			对应前三项的数值相乘	根据影响严酷度等级和 SRPN 大小简要描述改进措施	主要记录对其他栏的注释和补充说明

上述两张表都要求填写风险优先数。在软件 FMECA 和工艺 FMECA 中，应评价严酷度（SEV 或 S）、发生概率等级（OCC 或 O）和检测度（DET 或 D），将三者连乘以计算风险优先数，并在实际采取措施及其改进后再次对 SEV、OCC、DET 和 RPN 的重新进行评价，以此来实现对潜在故障分析与改进的闭环。计算和分析 RPN 在分析和降低风险方面是十分重要的，尤其是在无法进行定量的 CA 分析时。

4.5　FMECA 的实施

4.5.1　FMECA 的基本步骤

FMECA 通常包括以下几个基本步骤：

1）收集被分析对象（产品）的有关信息，策划 FMECA 工作的总要求；

2）定义分析对象，确定产品的工作特性及任务要求，以作为分析的出发点和基础，通常包括确定产品的任务功能和工作方式、确定产品经历的各种寿命剖面和任务剖面、确定产品的工作时间或任务时间、绘制产品框图（主要包括功能框图及可靠性框图）；

3）根据分析的目的和要求，定义分析的基本条件和假设；

4）根据数据资料和工程经验，全面识别和确定所有组成部分的故障模式；

5）结合产品的设计特性、工程经验和相关信息，确定每个故障模式对系统工作及状态的影响，同时确定每个故障模式的产生原因及发生概率或发生概率的等级；

6）根据预先的定义和假设，将故障模式对自身、高一层次和最终影响进行分析，并按其影响的严酷度分类；

7）根据各故障模式的发生概率和影响的严重程度计算危害度，并据此进行排序；

8）通过排序结果分析识别系统的薄弱环节，列出严酷度为 I 类、Ⅱ类的单点故障模式清单、关键项目清单、不可检测故障模式项目清单等；

9）针对薄弱环节和关键项目提出改进及控制措施、使用补偿措施建议，形成分析报告；

10）将分析结果及时反馈给设计部门，以确定是否需要更改设计。对于设计更改部分，应重复上述分析步骤，以确保设计更改的正确性。

4.5.2 提供 FMECA 的输入

进行 FMECA 需要输入的信息和数据很多，主要包括以下几方面。

4.5.2.1 设计方案论证报告

设计方案论证报告的内容通常是说明各种设计方案的比较情况以及与之相应的工作限制，有助于确定可能的故障模式及其原因。

4.5.2.2 设计任务书

设计任务书的内容包括所设计产品的技术指标要求、执行的功能、工作的任务剖面、寿命剖面以及环境条件、试验（包括可靠性试验）要求、使用要求、故障判据和其他约束条件等。对于工艺 FMECA，应了解工艺的目的、过程和质量要求等。

4.5.2.3 分析对象在所处的系统内的作用与要求的信息

这些信息包括所处系统各组成单元的功能和性能的要求及容许限、各组成单元间的接口关系及要求、被分析对象在所处系统内的作用和地位。对生产过程，还应了解工序在整个生产流程中的地位和作用、与其前后工序之间的关系以及允许的范围等。

4.5.2.4　设计图样

这些设计图样包括在研制初期的工作原理图和功能框图，如果某些功能是按顺序执行的，则应有详细的时间—功能框图；被分析对象的图样，所在分系统、系统的必要图样，特别是直接有接口联系的单元的图样。对生产过程，应获得生产过程流程说明、过程特性矩阵表以及相关的工艺规程及工艺设计资料等。

4.5.2.5　被分析对象及所处系统、分系统的相关信息

被分析对象及所处系统、分系统在启动、运行、操作、维修中的功能、可靠性等方面的信息包括不同任务的任务时间，测试、监控的时间周期，预防维修的规定，修复性维修的资源（设备、人员、维修时间、备件等），完成不同任务在不同任务阶段的正确操作序列，以及防止错误操作的措施等。对于生产过程，还应包括人员操作动作的风险分析结果。

4.5.2.6　可靠性数据及故障案例

可靠性数据（如故障模式、频数比、失效率等）应采用标准数据，或通过试验及现场使用得到的统计数据。

4.5.3　编制 FMECA 计划

为系统地有效地开展 FMECA 工作，应在产品研制阶段的早期对准备实施的分析活动进行系统的策划，其结果就是 FMECA 计划。

在 FMECA 计划中，应明确整个产品研制过程中实施 FMECA 的基本内容和要求，具体内容如下：

1）不同研制阶段的分析对象、范围和目的；

2）分析的时机以及使用的分析方法；

3）使用的分析表格格式；

4）分析假设和分析的约定层次；

5）分析使用的编码体系；

6）进行任务描述；

7）故障判据；

8）定义严酷度类别；

9）FMECA报告及其评审意见；

10）完成FMECA工作的时间进度要求；

11）开展FMECA工作的各类人员和部门之间的分工和接口。

FMECA计划应与产品可靠性、维修性、测试性、保障性等工作要求，以及有关标准相互协调、统筹安排。

4.5.4 确定分析前提

4.5.4.1 说明分析假设

应在FMECA计划中明确说明所有的基本规则和分析假设，包括采用的分析方法、使用的故障数据源、最低的分析层次以及分析的对象和范围等。如果分析要求有所改变，可对基本规则和分析假设加以补充，并在FMECA报告中明确说明。

4.5.4.2 确定分析的约定层次

FMECA工作必须在确定的产品层次上进行，这包括分析开始的层次、分析终止的层次和中间的层次。在FMECA中，这些层次以初始约定层次、最低约定层次和其他约定层次3个概念来描述。在整个产品的研制过程中，产品层次的划分应是统一的，但在不同的研制阶段或对于不同的产品组成部分，由于产品特点和分析目的不同，分析的初始约定层次和最低约定层次不必一致，分析的详细程度也不必相同，应依据实际情况确定分析的约定层次的级数和起止层次。对于采用了成熟设计、继承性较多的产品，其约定层次可划分得少而粗；反之，可划分得多而细。确定最低约定层次应遵循下列原则：

1）所有可获得分析数据的产品中最低的产品层次；

2）能导致严酷度为灾难的（Ⅰ类）或致命的（Ⅱ类）故障的产品所在的产品层次；

3）规定或预期需要维修的最低产品层次。

4.5.4.3　确定编码体系

在实施FMECA之前，应确定对产品或故障模式标识，并形成编码体系，以便在整个产品研制和生产过程中能够清楚地识别每个组成部分的对应故障模式。该编码体系应符合下列要求：

1）根据产品的功能及结构分解，体现产品层次的上、下级关系和约定层次的上、下级关系；

2）对于产品的各组成部分具有唯一性和可溯性；

3）尽可能简单、明确；

4）在容量上与产品的规模和复杂程度相适应，并考虑研制工作的展开与深入的需要；

5）符合或采用有关标准、文件或工程要求的规定，并与产品的功能框图或可靠性框图中使用的编码相一致。

4.5.4.4　描述产品任务

应对产品完成任务的要求及其环境条件进行描述。这种描述一般用任务剖面来表示。若被分析的产品存在多个任务剖面，则应对每个任务剖面分别进行描述。若被分析的产品的每个任务剖面又由多个任务阶段组成，且每一个任务阶段又可能有不同的工作方式，则对此情况均需进行说明或描述。

4.5.4.5　给出故障判据

应结合产品的功能、性能以及操作使用等要求，给出更为明确、具体的产品故障的判别标准，即故障判据，其内容包括功能界限和性能界限。故障判据一般应根据规定的产品功能要求、相应的性能参数、使用环境和工作特点等允许极限进行确定，在FMECA计划中应按照有关技术规范的规定予以明确表述，并经过有关人员或用户的审查和批准。

4.5.4.6 定义严酷度类别

严酷度等级的判定是考虑故障所造成的最坏的潜在后果来确定的。严酷度类别的划分应依据故障对初始约定层次的影响程度。严酷度分类可以采用多种方法，但在同一产品的分析中应保持一致。

4.5.5 通过填表的方式进行分析

具体内容详见 4.4 节的有关内容。

4.5.6 编写 FMECA 报告

FMECA 报告一般应包括以下内容：

1）实施 FMECA 的目的、所处的寿命周期、分析任务的来源等基本情况和进行 FMECA 的理由说明等；

2）分析方法选用、约定层次划分、严酷度分类等基本规则与假设；

3）分析对象和分析范围、任务描述、剖面、故障判据和数据来源；

4）功能框图、基本可靠性框图与任务可靠性框图；

5）FMEA 表格、CA 表格、危害度矩阵图、关键项目清单及必要的说明；

6）分析结论，无法消除的严酷度为Ⅰ类、Ⅱ类单点故障模式或严酷度为Ⅰ类、Ⅱ类故障模式的清单和必要说明；

7）对设计改进措施和使用补偿措施的建议，以及预计这些措施实施的效果。

FMECA 报告作为最终输出结果应进行签署，并作为设计文件的一部分提交设计评审。

4.5.7 进行 FMECA 评审

应对 FMECA 的结果和报告进行评审。该评审可结合型号研制转阶段评审或其他技术评审进行，也可单独进行。应着重评审 FMECA 方法的正确性、资料的完整性、结论的准确性、措施的针对性以及与其他方法的结合性。

4.5.8 实施 FMECA 应注意的问题

实施 FMECA，应注意下列问题：

1）在 FMECA 实施的过程中，应遵循“谁设计、谁负责”的原则，应由设计、工艺人员负责完成分析工作，可靠性专业人员提供必要的技术支持；

2）在实施 FMECA 之前，应对所需进行的 FMECA 活动进行完整、全面的策划，确定分析的对象、时机、依据的准则和采用的方法；

3）在实施 FMECA 时，应按照计划的安排和有关标准、规范和大纲的要求开展工作，按“边设计、边分析、边改进”的方式，随设计工作的进展不断更新分析结果，确保分析工作与设计、工艺的同步性和协调性，避免事后补做的情况发生，并及时将分析结果反馈给设计部门；

4）应采用穷举法，尽力找出所有潜在故障模式、故障原因和故障影响，不要遗漏任何一个重要的故障模式和严酷度为Ⅰ类、Ⅱ类单点故障模式，并经各级设计师认真审查把关；

5）在 FMECA 过程中，对共因、共模的故障和单点故障应给予高度关注；

6）在 FMECA 过程中，应注重与故障树分析、事件树分析（ETA）等方法相结合；

7）应依据 FMECA 结果，对所制订的相应的改进措施效果进行跟踪与分析，以验证其正确性和改进措施的有效性；

8）应注重积累信息和经验，建立并充分利用故障模式相关信息库。

第 5 章　房屋型 FMECA 模型

5.1　房屋型 FMECA 模型的结构框架

FEMCA 主要分为以下几部分：

1）确定故障模式；

2）故障原因分析；

3）故障影响分析；

4）危害性分析；

5）提出消除或降低其危害程度的预防、改进措施或使用补偿措施的建议。

上述 5 个部分形成了一个密切联系的整体，其中危害性分析部分可以根据工程需要和数据的充分程度进行裁剪或选择定性、定量分析方式。

目前，FMECA 分析是通过填写 FMEA 表和 CA 表来进行的。FMEA 表的结构是将故障模式、故障原因、故障影响和建议措施排成一行。CA 表的结构是将 FMEA 表的前半部分内容加上危害性分析的内容。这种方法简便，易掌握，但对复杂产品的潜在故障分析也存在一定的不便，如填写 FMEA 表时要求逐项将所分析产品的各项功能的各种故障模式及其各种故障原因、故障影响等内容逐一列出，在表上形成了从左向右展开的树状结构，致使表的篇幅过长，同时也不便于对故障共同模式、共同原因的分析。

在 FMECA 中引入 QFD 方法的质量屋矩阵式分析结构，可把 FMEA 表和 CA 表扩展为对潜在故障模式、故障原因、故障影响、危害性分析和建议措施等的一组有机联系的房屋型矩阵式分析图表，即形成“四屋一表”式的 FMECA 模型。当危害性分析采用定性分析时，房屋型 FMECA 模型如图 5—1 所示。当危害性分析采用定量分析时，房屋型 FMECA 模型如图 5—2 所示。

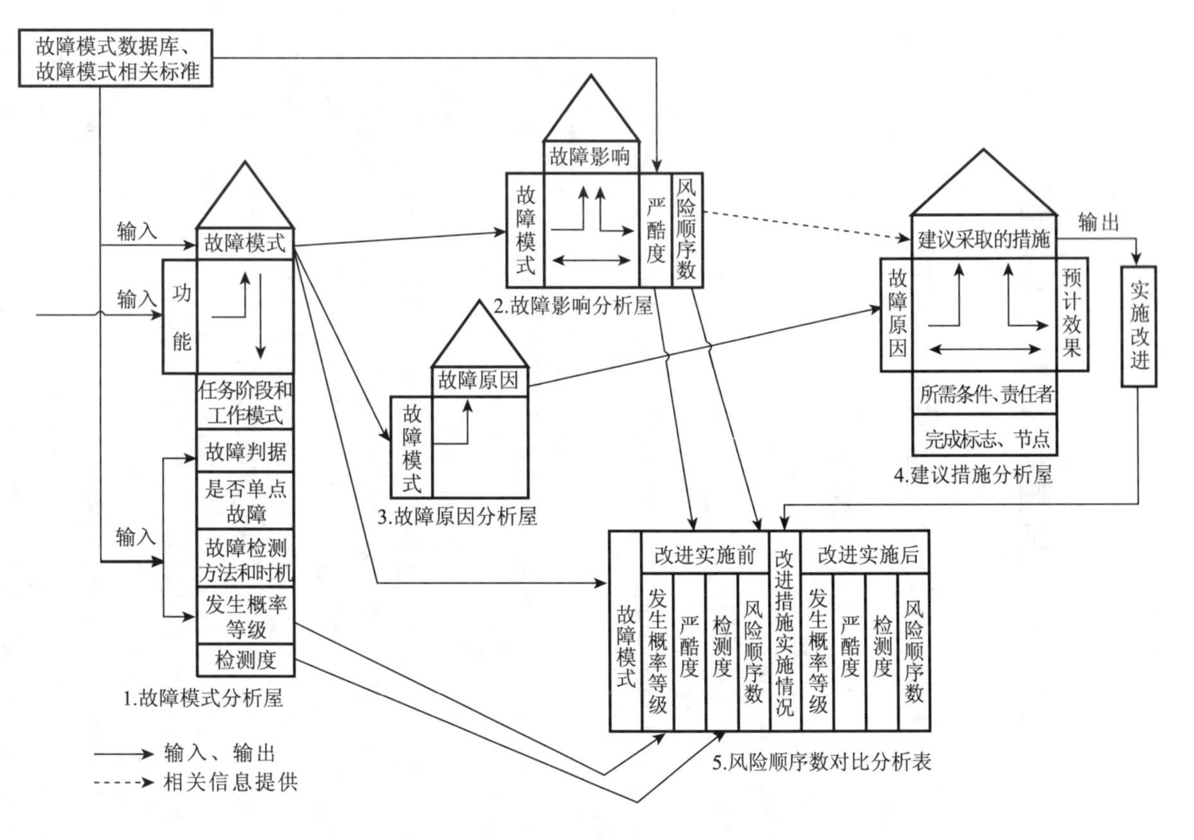

图5-1　房屋型FMECA(定性CA)模型

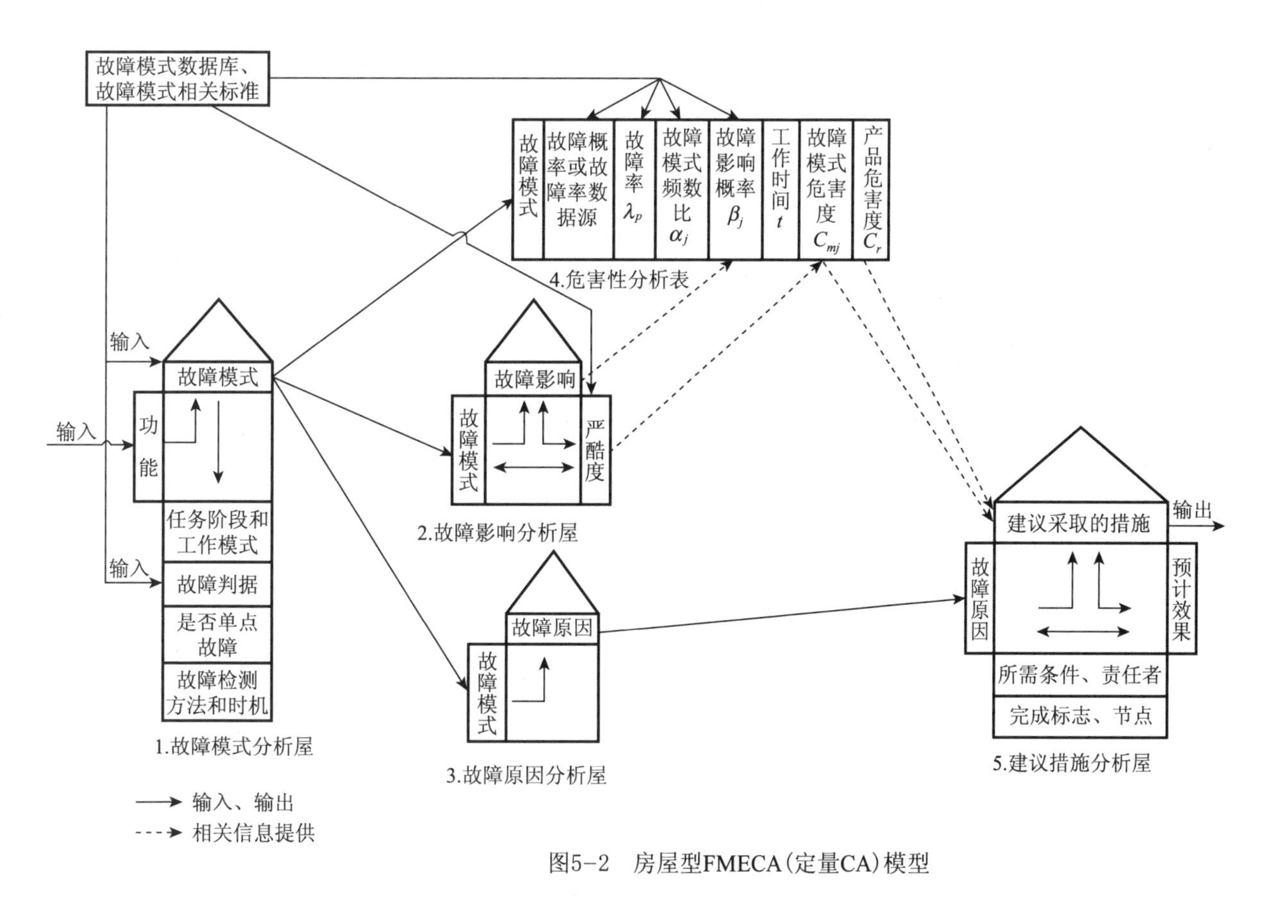

图5–2　房屋型FMECA(定量CA)模型

5.2 故障模式分析屋

在房屋型 FMECA 中，首先要通过填写图 5－3 中的内容来识别和分析故障模式。

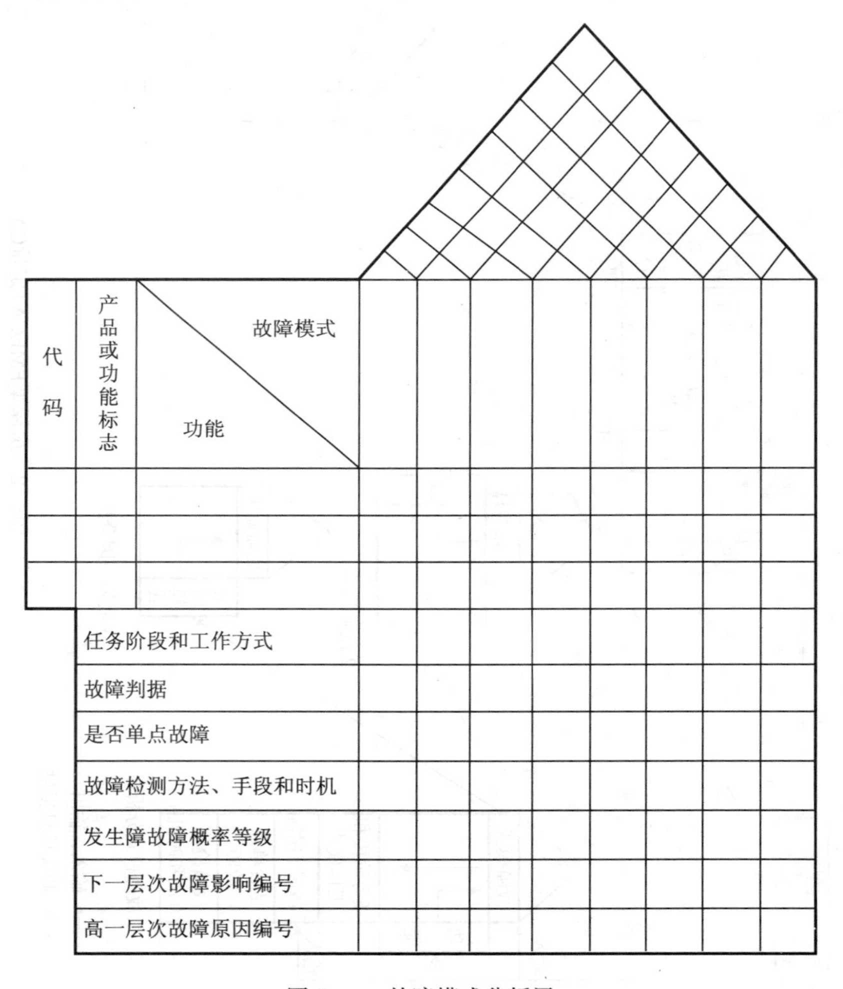

图 5－3 故障模式分析屋

图5—3把QFD技术中房屋型的矩阵式分析结构引入FMECA，改造了FMECA表，并比填写FMECA表增加了功能与故障模式的相关分析和故障模式之间相关分析，从而更加便于分析各功能与故障模式之间和各故障模式之间的相关关系，尤其是便于对共同模式的同时故障，即共模故障（CMF）的分析。填写图5—3的具体步骤如下：

第一步，在屋顶左侧，填写当前分析产品的初始约定层次和约定层次，初始约定层次所需完成的任务、分析人员等。

第二步，在"左墙"的"外墙"位置，填写被分析产品的代码、产品或产品功能的名称和标志（注意代码应与产品逻辑结构框图、功能框图或可靠性框图中的编码一致）。进行功能FMECA分析时，应逐一列出各输出功能的标志。进行硬件FMECA分析时，可用产品原理图的符号、产品型号、设计图样的编号等作为产品的标志。

第三步，在"左墙"的"内墙"位置，根据事先进行的产品定义，填写被分析产品所具有的功能（注意功能应与产品的设计要求及有关的功能分解结果一致）。功能栏的填写内容还应包括接口关系。

第四步，在"天花板"位置，列出故障模式。进行功能FMECA时，通过分析产品相应的框图中给定的功能输出，确定并说明各产品在约定层次中所有可预测的功能故障模式，即根据系统定义中的功能描述及故障判据中规定的要求，假设出各产品功能的故障模式。进行硬件FMECA时，根据被分析产品的硬件特征确定其所有可能的硬件故障模式。在列出故障模式时应注意：

1）确定和说明产品的所有情况下的故障模式，包括每一功能的全部可能的故障模式，对于复杂产品一般具有多种任务功能，则应找出该产品的每个任务剖面下的每一个任务阶段可能的故障模式；

2）对于同一类产品，故障模式的表述应尽可能统一；

3）注意故障模式和故障原因的区别，故障模式一般是可观察到的故障表现形式；

4）故障模式的提出应建立在对产品故障经验数据收集、分析、整理和统计的基础上。

第五步，在“墙面”位置，进行故障模式与功能的相关性分析，确定共模故障（CMF）。在列出故障模式的同时，与故障模式相对应，还应在“地下屋”位置填写下列几项内容：

1）在“任务阶段与工作方式”栏，根据任务剖面填写发生故障时的任务阶段与该阶段内产品的工作方式，即简要说明产品预计的潜在故障的时间、环境和条件。

2）在“是否单点故障”栏填写是否为单点故障。

3）在“故障判据”栏，简要明确地填写判定故障发生的标志性的状况或工程数据值。

4）在“故障检测方法、手段和时机”栏，明确地填写故障检测的方法、手段、时机或节点，必要时填写检测责任人员。若无故障检测手段也应在表中注明“无”，并在设计中予以关注。当 FMEA 结果表明不可检测的故障模式会引起高严酷度时，还应将这些不可检测的故障模式列出清单。

5）在“发生故障概率等级”栏，或将该栏称为“发生度”、“发生频度”，填写故障模式的发生概率等级的评价值，对于单点故障必须计算其发生概率等级，如无法评估其发生度，就将其发生度定为最高级。

6）根据 FMECA 的层次关系，在“地下屋”位置填写本层次故障模式与之相对应的下一层次的故障影响和上一层次的故障原因编号，以表明 FMECA 的层次关系。

第六步，如有必要，在“屋顶”位置，对故障模式之间进行相关分析，分析是否存在重复，尤其注重共模故障的确定和分析。

5.3　故障影响分析屋

故障影响分析屋如图 5—4 所示。

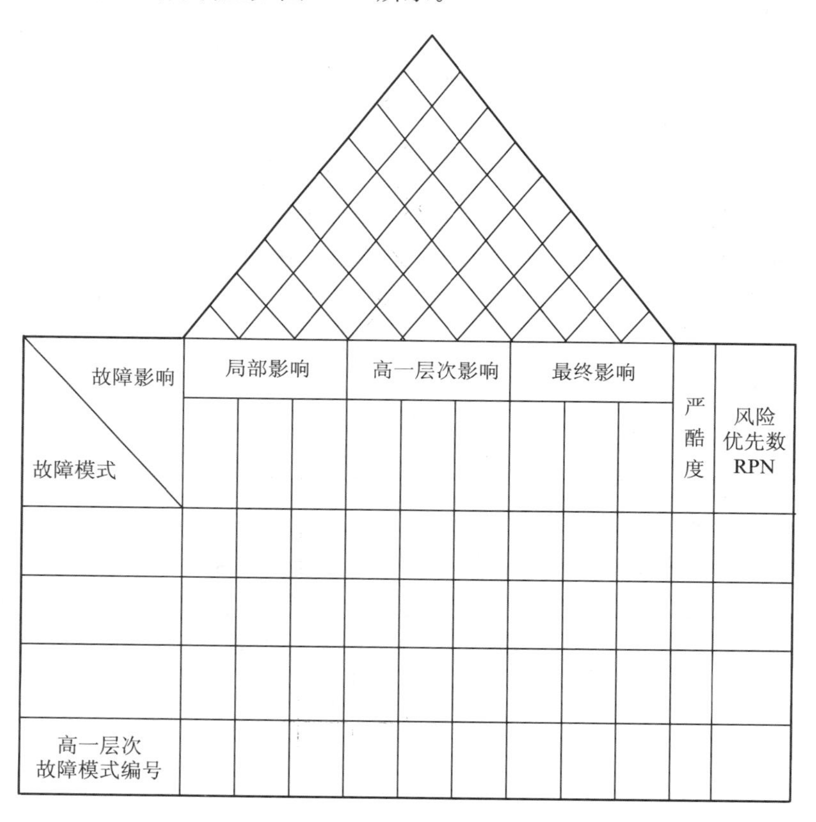

图 5—4　故障影响分析屋

在故障影响分析屋，故障模式分析屋的输出，即故障模式作为输入填写在“左墙”的位置，在“天花板”的位置，填写故障影响，即每一个故障模式可能造成的各种后果，作为该分析屋的输出。

故障影响分析屋的主要内容就是故障模式与故障影响的相关分析，把输入转化为输出。故障影响包括对产品本身的影响，也包括对操作和使用人员、设施、环境等多方面的影响。故障影响分为局部影响、高一层次影响和最终影响 3 个层次。局部影响是描述该故障模式对被分析产品的使用、功能或状态方面的直接影响后果。高一层次影响是以对该产品所在约定层次紧邻的上一层次产品所造成的使用、功能或状态的影响。最终影响是该产品的故障模式对初始约定层次产品所造成的使用、功能或状态的影响。进行故障影响分析时应注意以下几点：

1）不同层次的故障模式和故障影响存在着一定的关系，即低层次产品故障模式对紧邻上一层次产品影响就是紧邻上一层次产品的故障模式，低一层次故障模式是紧邻高一层次的故障原因；

2）对于采用了余度设计、备用工作方式的设计或故障检测与保护设计的产品，在分析中应暂不考虑这些设计措施而直接分析产品故障模式的最终影响。

必要时，应在“屋顶”位置对各项影响之间进行相关分析，以进一步全面、系统、透彻地认识故障影响；根据 FMECA 的层次关系，在“地下室”位置填写高一层次产品故障模式的对应编号。

结合故障影响分析，根据每个故障模式对初始约定层次产品可能造成的最坏潜在后果，即最终影响，以及事先定义的严酷度类别划分准则，将每一个故障模式的严酷度类别填写在“右墙”的“内墙”位置。在“右墙”的“外墙”位置填写风险优先数。

5.4 故障原因分析屋

在房屋型 FMECA 分析中，一个关键环节就是深入地分析导致故障模式的原因，对潜在故障的机理有透彻的理解，以便进一步有针对性地提出采取措施的建议。故障原因分析屋模型如图 5－5 所示。

故障模式分析屋的输出，即故障模式作为故障原因分析屋的输入填写在“左墙”的位置。故障原因分析屋的输出是导致每一故障模式的所有故障原因。导致产品故障的原因既可能是产品本身的缺陷，也可能是外部因素，如其他产品的故障、使用、环境和人为因素等方面的原因。将故障原因逐一填写在“天花板”位置。

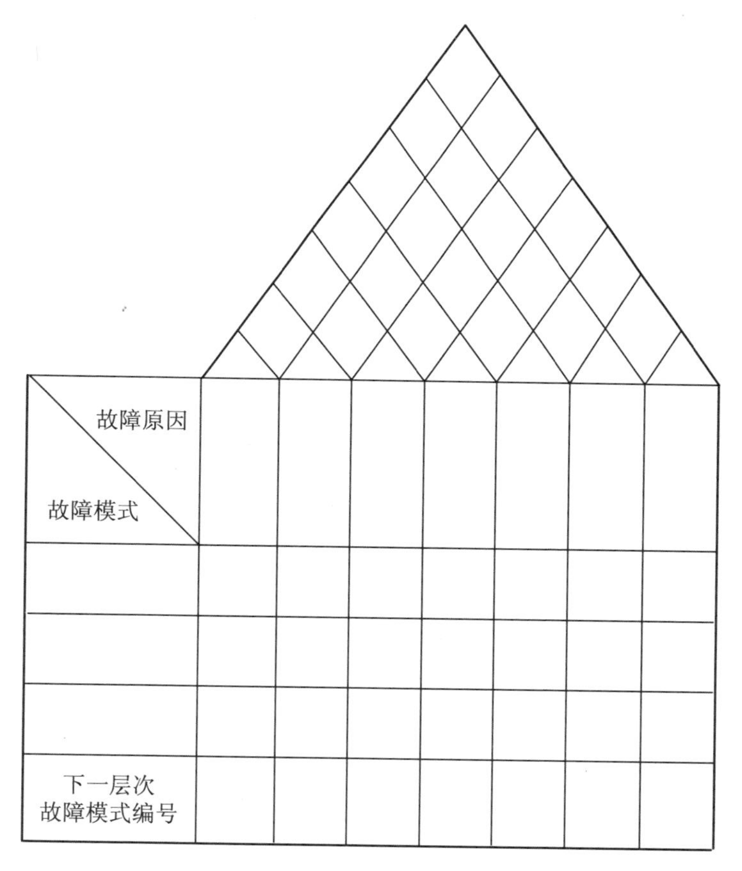

图 5—5　故障原因分析屋

这一分析屋的主要内容是故障模式与故障原因的相关分析，应特别注意共因故障（CCF），即共同原因导致的同时故障，或共模故障（CMF），即共同模式的同时故障，从而更加深刻地认识导致潜在故障的内在机理。这对于有冗余或备份的系统尤为重要。共模（因）

故障产生的原因主要有环境影响、设计缺陷、工艺和生产缺陷、操作差错等。

根据 FMECA 的层次关系，产品的故障原因可能是下一层产品的故障模式，因此，可在“地下室”位置填写下一层次产品故障模式的对应编号。“屋顶”位置用于进行各故障原因之间的相关分析。

5.5 危害性分析表

采用危害性分析表进行危害性分析，如表 5—1 所示。

表 5—1 危害性分析表

编码	故障模式	故障模式概率或等级故障率数据源	故障率 λ_P	故障模式频数比 α_j	故障影响概率 β_j	工作时间 t	故障模式危害度 C_{mj}	产品危害度 C_r	备注

在定性 CA 时，由于缺少数据，只填写危害性分析表中前三栏，即编码、故障模式和故障模式概率等级。

在填写危害性分析表时，故障模式及编号来源于故障模式分析屋的输出；故障模式分析屋的输出和故障模式的数据库、相关标准为该表中“故障模式概率等级或故障率数据源”栏、“故障率 λ_P”栏、“故障模式频数比 α_j”栏的填写提供相关信息；故障影响分析屋的输出和故障影响判定准则为该表中“故障影响概率 β_j”栏的填写提供相关信息。

在填写危害性分析表的同时，应注重与绘制危害性矩阵图结合，并作为该表的输出为建议措施分析屋相关分析提供信息。

5.6　建议措施分析屋

建议措施分析屋如图 5—6 所示。

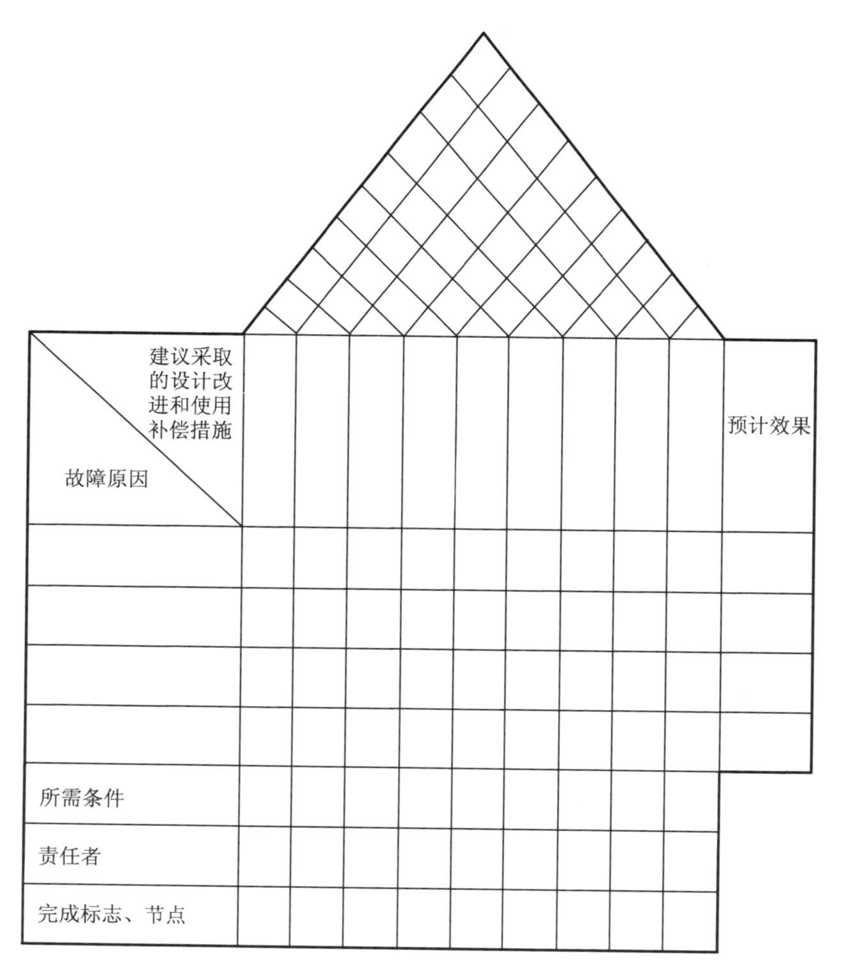

图 5—6　建议措施分析屋

建议措施分析屋的具体分析步骤如下：

第一步，将故障原因作为输入填写在“左墙”的位置。

第二步，通过故障原因和建议措施的相关分析，针对消除故障原因提出应采取的预防、改进措施或使用补偿措施，并将其填写在“天花板”的位置。其中，设计改进措施是针对故障原因应采取的设计改进措施，包括采用冗余设备、安全或保险装置、设计或工艺改进等；使用补偿措施是为了尽量避免故障的发生，在使用和维护规程中规定的使用和维护措施，即一旦出现某种故障后操作人员应采取的最恰当的补救措施。在提出建议措施时，应注重风险优先数和产品危害度提供的信息。

第三步，在“屋顶”位置对各项提出的措施进行相关分析，以进一步协调这些措施。

第四步，在“地下室”位置填写这些措施所需条件、责任者、完成标志和节点。

第五步，必要时，在“右墙”的位置填写拟采取的一系列措施对消除每一个故障原因的预计效果。

第六步，经过多次反复迭代，将确定的建议措施既作为该分析屋的输出，也作为这一轮 FMECA 的输出。

5.7 风险优先数分析对比表

通过对比分析在采取改进措施前后风险优先数的变化，分析改进措施的效果。风险优先数对比分析表如表 5—2 所示。

表 5—2　风险优先数对比分析

编码	故障模式	实施改进措施前				改进措施实施情况	实施改进措施后				备注
		发生概率等级	严酷度	检测度	风险优先数 RPN		发生概率等级	严酷度	检测度	风险优先数 RPN	

表 5—2 中，编码、故障模式，改进前的发生概率等级、严酷度、检测度和风险优先数分别来源于故障模式分析屋和故障影响分析屋的输出；改进措施实施情况来源于对建议措施分析屋所提出的改进建议实施情况的调查；改进后的发生概率等级、严酷度、检测度和风险优先数是对改进措施后的重新评价，表明改进措施及其实施的有效性。

5.8　房屋型 FMECA 模型的主要特点

房屋型 FMECA 模型具有以下主要特点：

1）输入、输出及其相互关系明确，包括明确最初的输入是产品功能和故障模式数据库信息，最终的输出是针对潜在故障的原因建议采取的改进和使用补偿措施，明确了各分析屋的输入、输出，明确了各分析屋之间相互接口关系，形成“四屋一表”的 FMECA 系统，从而增强了 FMECA 的整体性；

2）把 FMECA 从填表方式转变为以矩阵结构的相关性分析为主要方式，更容易全面识别故障模式，使分析内容更具有协调性，尤其是便于对故障共模和共因进行分析；

3）可以进行故障模式、故障原因、故障影响、建议措施这几部分所属的各项内容之间的相关分析，更加透彻地分析故障模式、故障原因、故障影响，增加建议措施及其之间的关系，更加系统地有针对性地提出设计改进措施或使用补偿措施；

4）便于按 FMCEA 层次关系对产品各层次之间故障模式、故障原因和故障影响进行相关对应的系统性分析；

5）在整个 FMECA 过程中，"四屋一表"的 FMECA 系统的整体及各分析屋都既是从前向后逐步展开的过程，也是反复迭代的过程，并随着改进措施实施新一轮 FMECA，这样在研制全过程，使分析及其改进措施能够逐步深入。

5.9 房屋型 FMECA 应用软件

5.9.1 房屋型 FMECA 软件开发思路

为将房屋型 FMECA 技术的研究成果应用于工程实际，并方便分析人员的使用，我们开发了房屋型 FMECA 应用软件。软件开发总体思路是：基于界面友好、操作简单、功能全面、使用方便的 Access 后台数据库，采用面向对象、事件驱动编程机制的简单易用的 Visual Basic 编程语言开发单机版软件，以树的形式组织系统各层次（产品及其功能），以矩阵表的形式建立各分析屋系列，以 Excel 表导出数据，确保分析系统层次清晰，避免表格冗长，输出的数据项可调；同时，将各分析方法中数学计算的部分通过编程加以实现，既减轻了分析人员的工作量，又确保了数据的准确，从而以较高的运行效率、良好的人机界面、精确的计算结果，实现房屋型FMECA 技术的所有计算和分析功能。

5.9.2 房屋型 FMECA 软件的适用范围和主要功能

5.9.2.1 房屋型 FMECA 软件的适用范围

房屋型 FMECA 应用软件适用于系统 FMECA、硬件和功能

FMECA、软件FMECA、损坏模式及影响分析（DMEA）和过程FMECA等工作，可为工程技术人员和管理人员在产品研制中进行可靠性分析，保证产品质量、可靠性、维修性、安全性提供有力的支持。

5.9.2.2　房屋型FMECA软件的主要功能

（1）建立分析屋功能

用户可根据具体的分析类型，建立各类分析屋系列，并可根据分析的产品层次和可获得的故障率数据，确定使用的分析方法。

（2）编辑分析屋功能

对已建立的各层次分析屋，用户可以随时进行增、删、改、查询等操作。

（3）打印分析屋功能

对已建立的各层次分析屋的数据，用户可以选择直接输出到打印机打印或以Excel表形式导出数据后再打印。

（4）转换分析屋结构功能

用户可将各层次建立的矩阵表式的分析结构转换为列表式结构，既便于应用房屋型矩阵结构进行过程分析，也符合分析人员使用列表式结构的习惯。

（5）绘制危害性矩阵图功能

用户可根据危害性分析的类型，选择绘制定性危害性矩阵图或定量危害性矩阵图。

（6）安全保密功能

为了系统和分析数据的安全和保密，对系统维护人员、系统录入人员和一般用户实行分级授权。

5.9.3　房屋型FMECA软件的输入和输出

房屋型FMECA软件的输入、输出和基本处理功能如图5－7所示。

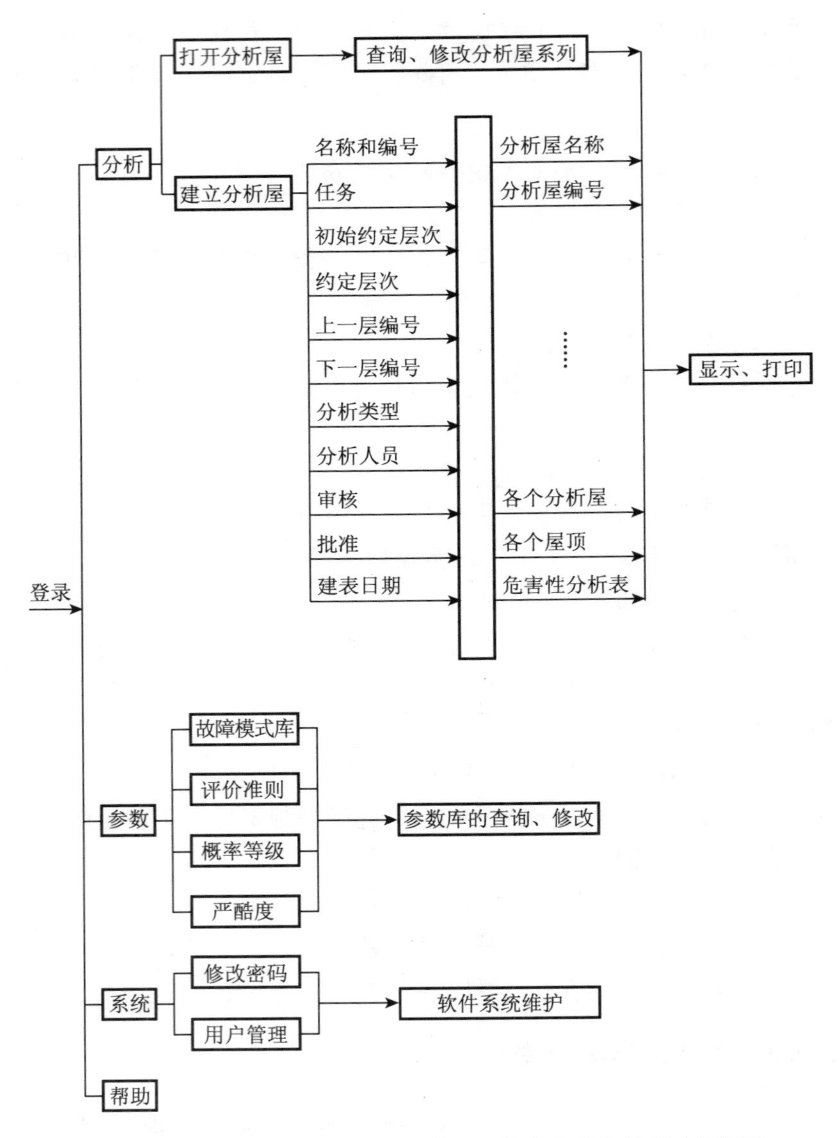

图 5—7　房屋型 FMECA 软件的输入、输出和基本处理功能框图

5.9.4 房屋型 FMECA 软件的程序逻辑流程

房屋型 FMECA 应用软件逻辑流程如图 5—8 所示。

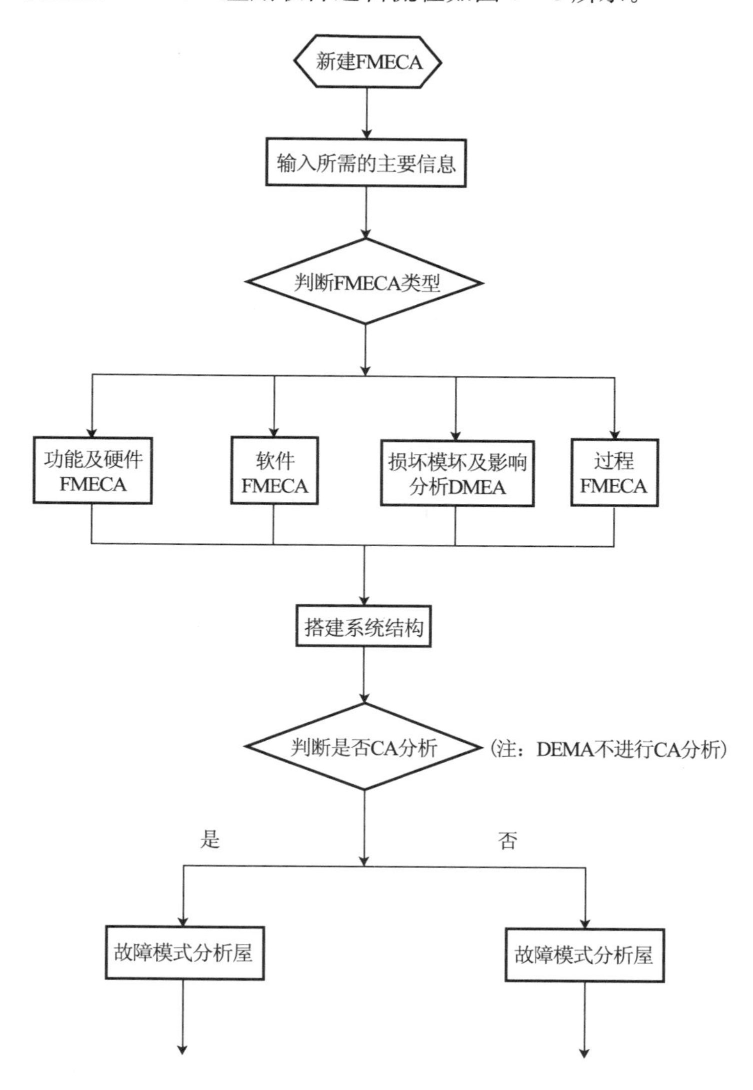

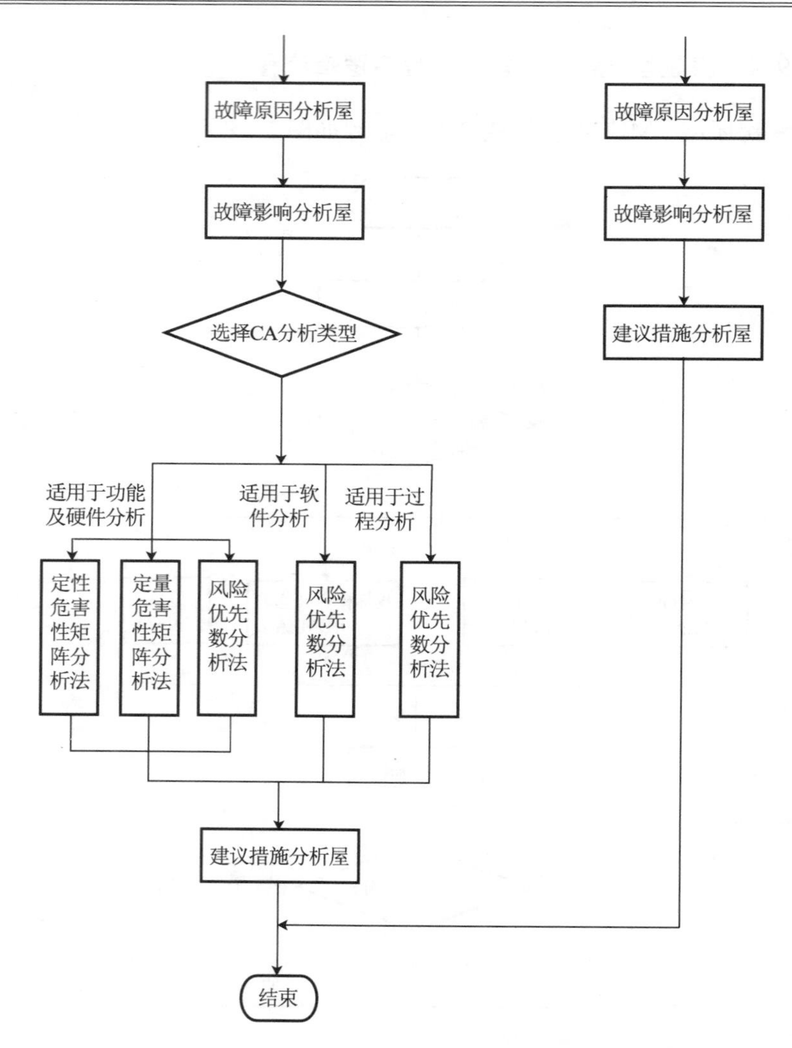

图 5—8 房屋型 FMECA 应用软件逻辑流程图

5.9.5 房屋型 FMECA 软件的主要界面

由于篇幅所限，这里只给出房屋型 FMECA 软件的故障模式分析屋和故障原因分析屋界面，如图 5—9 和图 5—10 所示。

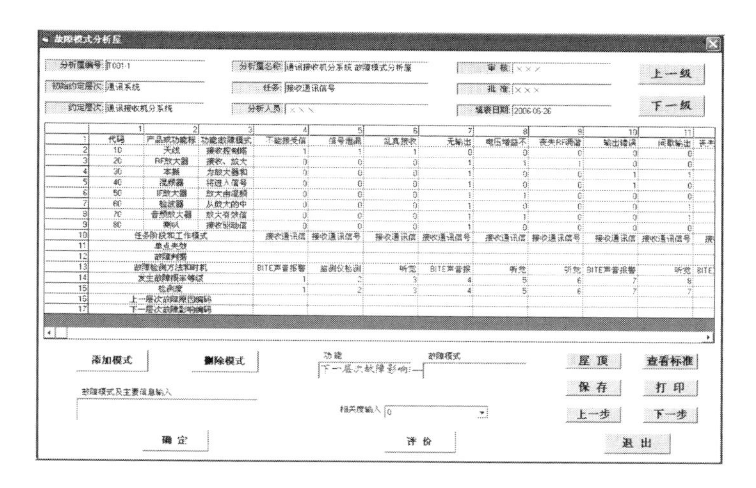

	1	2	3	4	5	6	7	8	9	10	11
1	代码	产品或功能标	功能故障模式	不能接受信	信号泄漏	乱真接收	无输出	电压增益不	丧失RF调谐	输出错误	间歇输出
2	10	天线	接收控制塔	1	1	1	0	0	0	0	0
3	20	RF放大器	接收、放大	0	0	0	1	1	1	0	0
4	30	本振	为放大器和	0	0	0	1	0	0	1	1
5	40	混频器	将进入信号	0	0	0	1	0	0	1	0
6	50	IF放大器	放大由混频	0	0	0	1	1	0	0	0
7	60	检波器	从放大的中	0	0	0	1	0	0	0	1
8	70	音频放大器	放大有效信	0	0	0	1	1	0	0	1
9	80	喇叭	接收驱动信	0	0	0	1	0	0	0	0
10	任务阶段和工作模式			接收通讯信	接收通讯信号	接收通讯信	接收通讯信号	接收通讯信	接收通讯信号	接收通讯信	接收通讯信号
11	单点失效										
12	故障判据										
13	故障检测方法和时机			BITE声音报警	监测仪检测	听觉	BITE声音报	听觉	听觉	BITE声音报警	听觉
14	发生故障概率等级			1	2	3	4	5	6	7	8
15	检测度			1	2	3	4	5	6	7	7
16	上一层次故障原因编码										
17	下一层次故障影响编码										

图 5—9　故障模式分析屋界面

故障原因分析屋

分析屋编号: T001-2　　分析屋名称: 通讯接收机分系统 故障原因分析屋　　审　核: ×××　　上一级

初始约定层次: 通讯系统　　生产过程: 接收通讯信号　　批　准: ×××

约定层次: 通讯接收机分系统　　分析人员: ×××　　填表日期: 2006-06-26　　下一级

	1	2	3	4	5	6	7	8	9	10	11
1	故障模式故障	接收频率不	波导泄漏	阻抗不匹配	断路	放大器增益	调谐回路失	振荡器失效	参数超差	接触不良	对地短路
2	不能接受信	1	0	0	0	0	0	0	0	0	0
3	信号泄漏	0	1	0	0	0	0	0	0	0	0
4	乱真接收	0	0	1	0	0	0	0	0	0	0
5	无输出	0	0	0	1	0	0	0	0	0	1
6	电压增益不	0	0	0	0	1	0	0	0	0	0
7	丧失RF调谐	0	0	0	0	0	1	0	0	0	0
8	输出错误	0	0	0	0	0	0	0	1	0	0
9	间歇输出	0	0	0	0	0	0	0	1	1	0
10	丧失IF调谐	0	0	0	0	0	1	0	0	0	0
11	反馈信号丢	0	0	0	0	0	0	0	0	1	0
12											
13	下一层次故障										

添加原因　　删除原因　　故障模式　下一层次故障模式　故障原因　　屋　顶　　查看标准

故障原因及主要信息输入　　打　印　　保　存

相关度输入 0　　上一步　　下一步

确　定　　评　价　　退　出

图 5—10　故障原因分析屋界面

第6章　房屋型FMECA在航天型号工程研制中的应用

6.1　房屋型FMECA应用案例背景

房屋型FMECA技术及其应用软件用于对某型运载火箭动力分系统中增压系统故障进行分析。该型运载火箭贮箱增压系统为气瓶挤压式系统，其组成示意见图6－1。氧化剂贮箱增压系统由增压氦气瓶、电爆活门、减压器、单向活门、氧增压孔板、破裂膜片及相应管路组成，燃料贮箱增压系统由增压氦气瓶、电爆活门、减压器、燃料增压孔板、破裂膜片及相应管路组成，两套系统共用一套增压氦气瓶、电爆活门、减压器及部分管路。

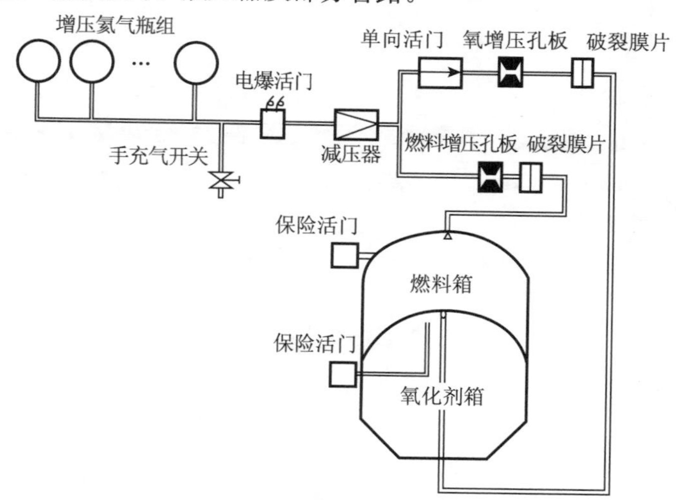

图6－1　贮箱增压系统组成示意图

6.2　房屋型FMECA应用案例分析过程

6.2.1　运载火箭增压系统FMEA的约定

首先，进行FMEA的约定，参考GJB 1391/Z—2006标准，将运载火箭增压系统产品故障严酷度分为以下4类（见表6—1）。

表6—1　严酷度分类

种类描述	类别	说　明
灾难性的	Ⅰ	导致人员死亡、运载火箭或卫星系统毁坏的故障
致命的	Ⅱ	导致人员严重受伤、发射任务失败的故障
轻度的	Ⅲ	导致人员受伤、运载火箭性能下降或任务推迟的故障
轻微的	Ⅳ	轻于Ⅲ类的故障

在进行两因素及元素相关分析时，只分析相关性，相关取值为1，不相关取值为0；不考虑地面测试、加注及发射准备阶段，只分析运载火箭飞行阶段。

根据产品故障模式对全箭飞行的最终影响，将故障影响分为以下两类（见表6—2）。

表6—2　故障影响分类

种类描述	说　明
飞行失败	故障模式一旦发生，运载火箭发射任务必然失败
飞行可能失败	故障模式的发生可能使运载火箭发射任务失败

6.2.2　气瓶的房屋型FMEA

气瓶的主要功能为：在运载火箭飞行过程中为增压输送系统提供稳定的气源，并参与保持增压系统的密封。气瓶在飞行过程中主要承受内压，其可靠性框图如图 6—2 所示。

图 6—2 单个气瓶可靠性框图

气瓶的故障模式分析屋中功能与故障模式相关分析的矩阵如表 6—3所示。

表 6—3 气瓶故障模式分析屋

功能 \ 故障模式		a	b	c
		球体强度破坏	密封圈泄漏	接头松动
1	提供增压气源	1	1	1
2	系统密封	1	1	1
任务阶段		飞行	飞行	飞行
故障检测参数或措施		监测气瓶压力遥测参数	监测气瓶压力遥测参数	监测气瓶压力遥测参数

气瓶的故障模式分析屋中故障模式与故障影响相关分析的矩阵如表 6—4 所示。

表 6—4 气瓶故障影响分析屋

故障模式 \ 故障影响		局部影响	高一层次影响	最终影响	严酷度
		气瓶	增压输送系统	全箭	
1	球体强度破坏	气体完全泄漏	贮箱无法增压	飞行失败	Ⅱ
2	密封圈泄漏	气体漏率超标	贮箱压力过小	飞行失败	Ⅱ
3	接头松动	气体漏率超标	贮箱压力过小	飞行失败	Ⅱ

气瓶的故障原因分析屋中故障模式与故障原因相关分析的矩阵如表 6—5 所示。

表 6—5　气瓶故障原因分析屋

故障模式 \ 故障原因		a 设计缺陷	b 加工超差	c 机械损伤	d 材料缺陷	e 腐蚀	f 焊接缺陷	g 载荷超出设计值	h 超期使用
1	球体强度破坏	1	1	1	1	1	1	1	0
2	密封圈泄漏	1☆	1	1	1☆	1☆	1	0	1
3	接头松动	1☆	0	1	0	0	0	1☆	0
合　计		3	2	3	2	2	2	2	1

表 6—5 中的 1☆表示在房屋型 FMEA 方法中，将故障原因都列在“天花板”位置，启发分析人员，在初步进行 FMEA 的基础上新识别到这些故障原因（下同）。

从表 6—5 可以看出，利用房屋型 FMEA 方法，新识别 a2、a3、d2、e2、g3 共 5 种故障原因。设计缺陷和机械损伤都可能导致 1、2、3 这 3 种故障模式的发生，因此首先应从气瓶的可靠性设计抓起，并在装配、运输等过程中防止机械损伤，避免导致潜在故障的发生；同时，故障原因 b、d、e、f、g 均可导致两种故障模式发生，必须引起足够重视，严格加以控制。

6.2.3　增压管路的房屋型 FMEA

增压管路包括气瓶出口分支管、电爆活门前汇集管等。每支管路由管子、管接头、外套螺母等构成。单支管路可靠性框图如图 6—3所示。

图 6—3　单支管路可靠性框图

增压管路的故障模式分析屋如表 6—6 所示。

表 6—6 增压管路故障模式分析屋

功能 \ 故障模式		a	b	c	d
		管接头泄漏	管子泄漏	管子断裂	外套螺母开裂
1	输送增压气体	1	1	1	0
2	系统密封	1	1	1	1
任务阶段		飞行	飞行	飞行	飞行
故障检测参数或措施		监测气瓶和贮箱压力遥测参数	监测气瓶和贮箱压力遥测参数	监测气瓶和贮箱压力遥测参数	监测气瓶和贮箱压力遥测参数

增压管路的故障影响分析屋如表 6—7 所示。

表 6—7 增压管路故障影响分析屋

故障模式 \ 故障影响		局部影响	高一层次影响	最终影响	严酷度
		管路	增压输送系统	全箭	
1	管接头泄漏	气体漏率超标	贮箱压力过小	飞行失败	Ⅱ
2	管子泄漏	气体漏率超标	贮箱压力过小	飞行失败	Ⅱ
3	管子断裂	气体大量泄漏	贮箱无法增压	飞行失败	Ⅱ
4	外套螺母开裂	气体可能泄漏	贮箱压力可能过小	飞行可能失败	Ⅱ

增压管路的故障原因分析屋如表 6—8 所示。

表 6—8 增压管路故障原因分析屋

故障模式 \ 故障原因		a	b	c	d	e	f	g
		设计缺陷	未对中拧紧	密封面质量超差	材料腐蚀	焊接缺陷	材料缺陷	多余物
1	管接头泄漏	1☆	1	1	1☆	0	1☆	1
2	管子泄漏	1☆	0	0	1☆	1☆	1☆	0
3	管子断裂	1☆	0	0	1	1	1	0

续表

故障模式 \ 故障原因		a 设计缺陷	b 未对中拧紧	c 密封面质量超差	d 材料腐蚀	e 焊接缺陷	f 材料缺陷	g 多余物
4	外套螺母开裂	0	0	0	1	0	1	0
合　计		3	1	1	4	2	4	1

从表 6—8 可以看出，利用房屋型 FMEA 方法，新识别 a1、a2、a3、d1、d2、e2、f1、f2 共 8 种故障原因。增压管路共有 4 种 II 类故障，加强管路可靠性设计、防止材料腐蚀及材料缺陷，对保证增压管路可靠性具有重要作用。

6.2.4　活门的房屋型 FMEA

活门可靠性框图如图 6—4 所示。

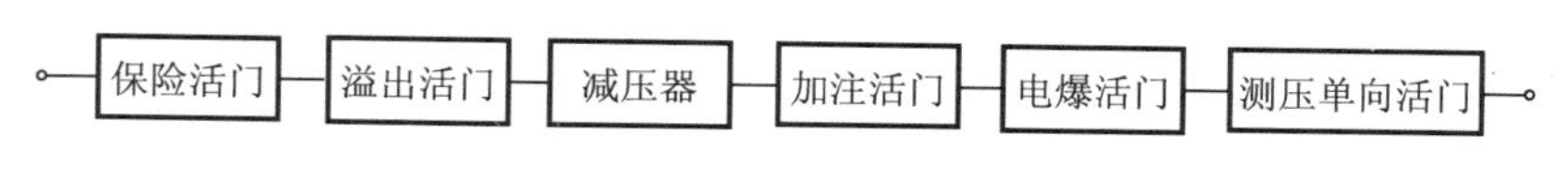

图 6—4　活门可靠性框图

活门的故障模式分析屋如表 6—9 所示。

表 6—9　活门故障模式分析屋

功能 \ 故障模式		a 保险活门启闭压力值超差	b 保险活门漏率超标	c 溢出活门打不开	d 溢出活门漏率超标	e 减压器出口压力过低	f 减压器出口压力过高	g 减压器振动、鸣叫	h 减压器完全失效	i 加注活门漏率超标	j 电爆活门通电打不开	k 测压单向活门打不开	l 测压单向活门泄漏
1	增压通路控制	0	0	0	0	1	1	1	1	0	1	1	0
2	系统密封	0	1	0	1	0	0	0	0	1	0	0	1

续表

功能 \ 故障模式		a 保险活门启闭压力值超差	b 保险活门漏率超标	c 溢出活门打不开	d 溢出活门漏率超标	e 减压器出口压力过低	f 减压器出口压力过高	g 减压器振动、鸣叫	h 减压器完全失效	i 加注活门漏率超标	j 电爆活门通电打不开	k 测压单向活门打不开	l 测压单向活门泄漏
3	超压保护	1	0	1	0	0	0	0	0	0	0	0	0
任务阶段		飞行	飞行	飞行	飞行	飞行	飞行	飞行	飞行	飞行	飞行	飞行	飞行
故障检测参数或措施		监测贮箱压力遥测参数		监测贮箱压力遥测参数		监测气瓶和贮箱压力遥测参数				监测贮箱压力遥测参数	监测气瓶和贮箱压力遥测参数	监测气瓶和贮箱压力遥测参数	监测气瓶和贮箱压力遥测参数

活门的故障影响分析屋如表 6—10 所示。

表 6—10 活门故障影响分析屋

故障模式 \ 故障影响		局部影响	高一层次影响	最终影响	严酷度
		活门	增压输送系统	全箭	
1	保险活门启闭压力值超差	启闭压力值过大	贮箱压力过大时不开启	飞行可能失败	Ⅱ
2	保险活门漏率超标	气体漏率超标	贮箱压力过小	飞行失败	Ⅱ
3	溢出活门打不开	不能泄出超量推进剂	推进剂可能超量，贮箱压力过大	飞行可能失败	Ⅱ
4	溢出活门漏率超标	气体漏率超标	贮箱压力过小	飞行失败	Ⅱ
5	减压器出口压力过低	输出压力过小	贮箱压力过小	飞行失败	Ⅱ

续表

故障模式 \ 故障影响		局部影响	高一层次影响	最终影响	严酷度
		活门	增压输送系统	全箭	
6	减压器出口压力过高	输出压力过大	贮箱压力过大	飞行失败	Ⅱ
7	减压器振动、鸣叫	膜片疲劳破裂	贮箱压力不稳定	飞行失败	Ⅱ
8	减压器完全失效	不能调节增压气体	气瓶自由放气，贮箱压力先高后低	飞行失败	Ⅱ
9	加注活门漏率超标	推进剂泄漏	贮箱压力过小	飞行失败	Ⅱ
10	电爆活门通电打不开	增压气体不能通过	贮箱无法增压	飞行失败	Ⅱ
11	测压单向活门打不开	增压气体不能通过	氧箱无法增压	飞行失败	Ⅱ
12	测压单向活门泄漏	气体漏率超标	贮箱压力过小	飞行失败	Ⅱ

活门的故障原因分析屋如表 6—11 所示。

表 6—11　活门故障原因分析屋

故障模式 \ 故障原因		a	b	c	d	e	f	g	h	i
		弹性元件失灵	多余物	密封元件失效	密封面划伤	活门卡住	膜片破裂	动态特性不稳	电爆管失效	导向不好
1	保险活门启闭压力值超差	1	1	1	0	0	0	0	0	0
2	保险活门漏率超标	1	1	1	1☆	0	0	0	0	0
3	溢出活门打不开	0	1	0	0	1☆	0	0	0	0

续表

故障模式 \ 故障原因		a	b	c	d	e	f	g	h	i
		弹性元件失灵	多余物	密封元件失效	密封面划伤	活门卡住	膜片破裂	动态特性不稳	电爆管失效	导向不好
4	溢出活门漏率超标	0	1	1	1	0	0	0	0	0
5	减压器出口压力过低	0	1	0	0	0	0	0	0	0
6	减压器出口压力过高	0	0	0	0	1	1	0	0	0
7	减压器振动、鸣叫	0	0	0	0	0	0	1	0	0
8	减压器完全失效	0	1☆	1☆	1☆	1☆	1☆	1☆	0	0
9	加注活门泄漏	0	1	1	1	0	0	0	0	0
10	电爆活门通电打不开	0	0	0	0	0	0	0	1	0
11	测压单向活门打不开	0	1	0	0	0	0	0	0	1
12	测压单向活门泄漏	0	1	1	1	0	0	0	0	0
合　计		2	9	6	5	3	2	2	1	1

从表 6－11 可以看出，利用房屋型 FMEA 方法，新识别 b8、c8、d2、d8、e3、e8、f8、g8 共 8 种故障原因。活门共有 12 种Ⅱ类故障，严格控制多余物、防止密封元件失效及密封面划伤，对保证活门可靠性具有重要作用；同时，应防止活门卡住，加强动态特性分析和设计，防止动态特性不稳定及膜片破裂。

6.2.5　气瓶手充气开关的房屋型 FMEA

气瓶手充气开关作为地面加注增压时给气瓶充气的开关，飞行过程中应保持良好的密封性。气瓶手充气开关故障模式分析屋如表 6－12所示。

表 6－12　气瓶手充气开关故障模式分析屋

故障模式 / 功能		a
		开关漏气
1	系统密封	1
任务阶段		飞行
故障检测参数或措施		监测气瓶压力遥测参数

气瓶手充气开关故障影响分析屋如表 6－13 所示。

表 6－13　气瓶手充气开关故障影响分析屋

故障影响 / 故障模式		局部影响	高一层次影响	最终影响	严酷度
		开关	增压输送系统	全箭	
1	开关漏气	气体漏率超标	贮箱压力过小	飞行失败	Ⅱ

气瓶手充气开关故障原因分析屋如表 6－14 所示。

表 6－14　气瓶手充气开关故障原因分析屋

故障原因 / 故障模式		a	b	c	d
		密封元件失效	密封面划伤	多余物	关闭不到位
1	开关漏气	1	1	1	1

6.2.6　增压孔板的房屋型 FMEA

增压孔板用于控制增压流量。增压孔板故障模式分析屋如表

6—15所示。

表 6—15　增压孔板故障模式分析屋

故障模式 / 功能		a	b
		孔径过小	孔径过大
1	调节增压流量	1	1
任务阶段		飞行	飞行
故障检测参数或措施		监测气瓶和贮箱压力参数	

增压孔板故障影响分析屋如表 6—16 所示。

表 6—16　增压孔板故障影响分析屋

故障影响 / 故障模式		局部影响	高一层次影响	最终影响	严酷度
		增压孔板	增压输送系统	全箭	
1	孔径过小	增压流量过小	贮箱压力过小	飞行失败	Ⅱ
2	孔径过大	增压流量过大	贮箱压力过大	飞行失败	Ⅱ

增压孔板故障原因分析屋如表 6—17 所示。

表 6—17　增压孔板故障原因分析屋

故障原因 / 故障模式		a	b	c
		设计缺陷	生产超差	多余物
1	孔径过小	1	1	1
2	孔径过大	1	1	0
合　计		2	2	1

6.2.7　贮箱的房屋型 FMEA

贮箱既是贮存燃料、氧化剂的压力容器，又是箭体结构的传力部件，同时承受内压、轴压、弯矩、剪力的作用。贮箱可靠性框图如图 6—5 所示。

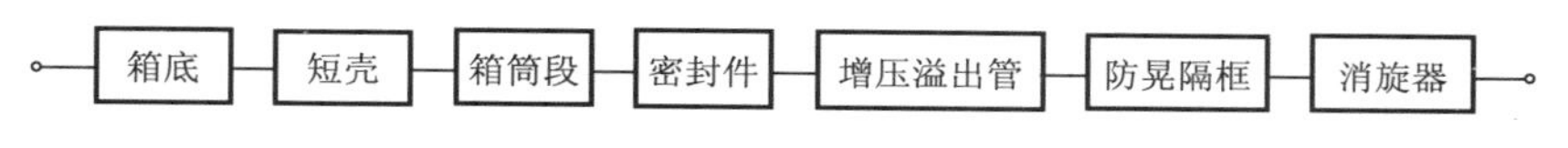

图 6—5　贮箱可靠性框图

贮箱故障模式分析屋如表 6—18 所示。

表 6—18　贮箱故障模式分析屋

功能 \ 故障模式		a	b	c	d	e	f	g	h	i
		箱底泄漏	短壳破坏	箱筒段泄漏	箱筒段破坏	密封件安装错误	密封元件失效	增压溢出管顶端位置错误	防晃隔框防晃作用减小	消旋器消旋作用减小
1	贮存推进剂	1	1	1	1	1	1	1	0	0
2	系统密封	1	1	1	1	1	1	0	0	0
3	传递轴压、弯矩和剪力	0	1	0	1	0	0	0	0	0
4	固定、安装	1	1	0	0	0	0	0	0	0
5	防止推进剂晃动、旋涡	0	0	0	0	0	0	0	1	1
任务阶段		飞行	飞行	飞行	飞行	飞行	飞行	飞行	飞行	飞行
故障检测参数或措施		监测气瓶和贮箱压力参数				监测气瓶和贮箱压力参数		监测箱压	—	—

贮箱的故障影响分析屋如表 6—19 所示。

表 6—19 贮箱故障影响分析屋

故障模式 \ 故障影响		局部影响	高一层次影响	最终影响	严酷度
		贮箱	增压输送系统	全箭	
1	箱底泄漏	推进剂泄漏	贮箱压力过小，可能导致爆炸	飞行失败	Ⅰ
2	短壳破坏	不能承力，气体泄漏	贮箱压力过小	飞行失败	Ⅱ
3	箱筒段泄漏	推进剂泄漏	贮箱压力过小	飞行失败	Ⅱ
4	箱筒段破坏	不能传力，气体泄漏	贮箱压力过小	飞行失败	Ⅱ
5	密封件泄漏	推进剂泄漏	贮箱压力过小	飞行失败	Ⅱ
6	增压溢出管顶端位置错误	加注过量时泄出不正确	推进剂容量可能错误	飞行可能失败	Ⅱ
7	防晃隔框防晃作用减小	推进剂晃动	共振	飞行失败	Ⅱ
8	消旋器消旋作用减小	推进剂产生旋涡	推进剂供应不正常	飞行失败	Ⅱ

贮箱的故障原因分析屋如表 6—20 所示。

表 6—20 贮箱故障原因分析屋

故障模式 \ 故障原因		a	b	c	d	e	f	g	h	i
		密封件安装错误	密封元件失效	焊接缺陷	计算错误	设计缺陷	壁板厚度不够	测量错误	刚度不够	安装固定不牢固
1	箱底泄漏	1	1☆	1	0	0	0	0	0	0
2	短壳破坏	0	0	1	1	0	1	0	0	0
3	箱筒段泄漏	0	0	1	0	0	0	0	0	0

续表

	故障原因 故障模式	a 密封件安装错误	b 密封元件失效	c 焊接缺陷	d 计算错误	e 设计缺陷	f 壁板厚度不够	g 测量错误	h 刚度不够	i 安装固定不牢固
4	箱筒段破坏	0	0	1	1	0	1	0	0	0
5	密封件泄漏	1	1	0	0	0	0	0	0	0
6	增压溢出管顶端位置错误	0	0	1	0	0	0	1	0	0
7	防晃隔框防晃作用减小	0	0	0	0	1☆	0	0	1	1
8	消旋器消旋作用减小	0	0	1☆	0	1	0	0	0	1
合　计		2	2	6	2	2	2	1	1	2

由表 6－20 可以看出，利用房屋型 FMEA 方法，新识别 b1、c6、e7 共 3 个故障原因。贮箱共有 1 种 I 类故障，7 种 II 类故障，严格控制焊接质量，加强焊缝 X 光检查、液压试验、气密试验，对保证贮箱可靠性至关重要。

6.2.8　增压系统建议措施

增压系统设计改进措施的建议如表 6－21 所示。

表 6—21 对增压系统的建议措施

产品	故障原因 \ 建议措施	a 加强动态特性分析	b 规范设计	c 严格执行三级审签	d 及早进行设计复核、复算	e 开展试验验证	f 严格控制加工超差	g 严格控制生产环境	h 按要求保管、贮存	i 严格进行焊缝检查	j 液压试验	k 静力试验	l 疲劳试验	m 爆破试验	n 材料性能检查复验	o 加强验收、检验	p 严格按规程装配	q 采取安全防范措施	r 提高密封加工精度	s 气密检查	t 按规定期限使用	u 控制多余物	v 严密监视贮箱压力	w 加强检验工具保证	合计
气瓶	1 设计缺陷	0	1☆	1	1	1	0	0	0	0	1☆	1☆	1☆	1	0	0	0	0	0	0	0	0	0	0	8
	2 加工超差	0	0	0	0	0	1	0	0	0	0	0	0	0	0	1☆	0	0	1	0	0	0	0	1☆	4
	3 机械损伤	0	0	0	0	0	0	1☆	1	0	0	0	0	0	0	1☆	1☆	1☆	0	0	0	0	0	0	5
	4 材料缺陷	0	0	0	0	0	0	0	1☆	0	0	0	0	0	1☆	1☆	0	0	0	0	1☆	0	0	0	4
	5 材料腐蚀	0	0	0	0	0	0	1☆	1☆	0	0	0	0	0	0	0	0	0	0	0	0	0	0	0	2
	6 焊接缺陷	0	0	0	0	1☆	0	0	0	1	1	0	1	1	0	0	0	0	0	1☆	0	0	0	0	6
	7 载荷超出设计值	0	1	1☆	1☆	1☆	0	0	0	0	0	0	0	0	0	0	0	0	0	0	0	0	0	0	4
	8 超期使用	0	0	0	0	0	0	0	0	0	0	0	0	0	0	0	0	0	0	0	1	0	0	0	1

续表

产品		建议措施 / 故障原因	a	b	c	d	e	f	g	h	i	j	k	l	m	n	o	p	q	r	s	t	u	v	w	合计
			加强动态特性分析	规范设计	严格执行三级审签	及早进行设计复核、复算	开展试验验证	严格控制加工超差	严格控制生产环境	按要求保管、贮存	严格进行焊缝检查	液压试验	静力试验	疲劳试验	爆破试验	材料性能检查复验	加强验收、检验	严格按规程装配	采取安全防范措施	提高密封加工精度	气密检查	按规定期限使用	控制多余物	严密监视贮箱压力	加强检验工具保证	
管路	9	设计缺陷	1☆	1☆	1☆	1☆	1☆	0	0	0	0	0	0	0	0	0	0	0	0	0	0	0	0	0	0	5
	10	未对中拧紧	0	0	0	0	0	0	0	0	0	0	0	0	0	0	0	1	0	0	0	0	1☆	0	0	2
	11	密封面质量超差	0	0	0	0	0	1☆	0	0	0	0	0	0	0	0	1☆	0	0	0	0	0	0	0	0	2
	12	材料腐蚀	0	0	0	0	0	0	1☆	1	0	0	0	0	0	0	0	0	0	0	0	0	0	0	0	2
	13	焊接缺陷	0	0	0	0	0	0	0	0	1	0	0	0	0	0	0	0	0	0	0	0	0	0	0	1
	14	材料缺陷	0	0	0	0	0	0	0	1	0	0	0	0	0	1☆	1	1	0	0	0	0	0	0	0	4
	15	多余物	0	0	0	0	0	0	1☆	1☆	0	0	0	0	0	0	1	1	0	0	0	0	1	0	0	5

续表

产品	建议措施 / 故障原因		a	b	c	d	e	f	g	h	i	j	k	l	m	n	o	p	q	r	s	t	u	v	w	合计
			加强动态特性分析	规范设计	严格执行三级审签	及早进行设计复核、复算	开展试验验证	严格控制加工超差	严格控制生产环境	按要求保管、贮存	严格进行焊缝检查	液压试验	静力试验	疲劳试验	爆破试验	材料性能检查复验	加强验收、检验	严格按规程装配	采取安全防范措施	提高密封加工精度	气密检查	按规定期限使用	控制多余物	严密监视贮箱压力	加强检验工具保证	
活门	16	弹性元件失灵	0	0	0	0	0	1☆	0	1☆	0	0	0	1☆	0	1	0	1☆	0	0	0	0	0	1	0	6
	17	多余物	0	0	0	0	0	0	1☆	1☆	0	0	0	0	0	0	1☆	1☆	0	0	0	0	1	1	0	6
	18	密封元件失效	0	0	0	0	1☆	1☆	0	1☆	0	0	0	0	0	0	1☆	1☆	0	0	0	0	1☆	1	0	7
	19	密封面划伤	0	0	0	0	0	1☆	0	1☆	0	0	0	0	0	0	1☆	1☆	1☆	0	0	0	0	0	0	5
	20	活门卡住	0	1☆	1☆	1☆	1☆	1☆	0	1☆	0	0	0	0	0	0	1	1☆	0	0	0	0	0	0	0	8
	21	膜片破裂	1	1☆	1☆	1☆	1☆	1☆	0	1☆	0	0	0	0	0	1	1	1☆	0	0	0	1☆	0	0	0	11
	22	动态特性不稳	1	1☆	1☆	1☆	1☆	0	0	0	0	0	0	0	0	0	1	0	0	0	0	0	0	0	0	6
	23	电爆管失效	0	0	0	0	0	0	1☆	1	0	0	0	0	0	0	1	1	0	0	0	1	0	0	0	5
	24	导向不好	0	1	1☆	0	0	1	0	0	0	0	0	0	0	0	0	1	0	0	0	0	0	0	0	4

续表

产品		建议措施 / 故障原因	a 加强动态特性分析	b 规范设计	c 严格执行三级审签	d 及早进行设计复核、复算	e 开展试验验证	f 严格控制加工超差	g 严格控制生产环境	h 按要求保管、贮存	i 严格进行焊缝检查	j 液压试验	k 静力试验	l 疲劳试验	m 爆破试验	n 材料性能检查复验	o 加强验收、检验	p 严格按规程装配	q 采取安全防范措施	r 提高密封加工精度	s 气密检查	t 按规定期限使用	u 控制多余物	v 严密监视贮箱压力	w 加强检验工具保证	合计
手充气开关	25	密封元件失效	0	0	0	0	0	1☆	0	1☆	0	0	0	0	0	0	1☆	1☆	0	0	0	0	1☆	0	0	5
	26	密封面划伤	0	0	0	0	0	1☆	0	1☆	0	0	0	0	0	0	1☆	1☆	1☆	0	0	0	0	0	0	5
	27	多余物	0	0	0	0	0	0	1☆	1☆	0	0	0	0	0	0	1	1	0	0	0	0	1	0	0	5
	28	开关关闭不到位	0	0	0	0	0	1☆	0	0	0	0	0	0	0	0	0	1	0	0	0	0	1☆	0	0	3
增压孔板	29	设计缺陷	0	1	1	1	1	0	0	0	0	0	0	0	0	0	0	0	0	0	0	0	0	0	0	4
	30	生产超差	0	0	0	0	0	1☆	0	0	0	0	0	0	0	0	1	0	0	0	0	0	0	0	0	2
	31	多余物	0	0	0	0	0	0	1☆	0	0	0	0	0	0	0	0	1☆	0	0	0	0	1	0	0	3

续表

产品		建议措施 / 故障原因	a	b	c	d	e	f	g	h	i	j	k	l	m	n	o	p	q	r	s	t	u	v	w	合计
			加强动态特性分析	规范设计	严格执行三级审签	及早进行设计复核、复算	开展试验验证	严格控制加工超差	严格控制生产环境	按要求保管、贮存	严格进行焊缝检查	液压试验	静力试验	疲劳试验	爆破试验	材料性能检查复验	加强验收、检验	严格按规程装配	采取安全防范措施	提高密封加工精度	气密检查	按规定期限使用	控制多余物	严密监视贮箱压力	加强检验工具保证	
贮箱	32	密封件安装错误	0	0	0	0	0	0	0	0	0	0	0	0	0	0	0	1	0	0	0	0	0	0	0	1
	33	密封元件失效	0	0	0	0	0	1☆	0	1☆	0	0	0	0	0	0	1☆	1☆	0	0	0	0	1	0	0	5
	34	焊接缺陷	0	0	0	0	0	0	0	0	1	1	0	0	0	0	0	0	0	0	1	0	0	0	0	3
	35	计算错误	0	1	1	1	1☆	0	0	0	0	0	1	0	0	0	0	0	0	0	0	0	0	0	0	5
	36	设计缺陷	0	1	1	1	1☆	0	0	0	0	1☆	1☆	0	0	0	0	0	0	0	0	0	0	0	0	6
	37	壁板厚度不够	0	1	1	1	1	1☆	0	0	0	0	0	0	0	0	1☆	0	0	0	0	0	0	0	0	6
	38	测量错误	0	0	0	0	0	0	0	0	0	0	0	0	0	0	0	0	0	0	0	0	0	0	1	1
	39	刚度不够	0	1	1	1	1	1☆	0	0	0	0	0	0	0	1	1	0	0	0	0	0	0	0	0	7
	40	安装固定不牢固	0	1☆	1☆	0	1☆	0	0	0	1	0	0	0	0	0	0	1☆	0	0	0	0	0	0	0	5
合计			3	13	13	11	14	15	8	17	4	4	3	3	2	5	20	20	3	1	2	4	9	3	2	179

下面以表 6—21 为基础，给出增压系统建议措施（见表 6—22～表 6—27）。

表 6—22 对气瓶的建议措施

序 号	建议措施	目 的
1	按高压气瓶可靠性设计规范设计	防止设计缺陷、力学条件错误
2	严格执行三级审签	防止设计缺陷、力学条件错误
3	及早进行设计复核、复算	防止设计缺陷、力学条件错误
4	开展试验验证	防止设计缺陷、焊接缺陷或载荷超出设计值
5	严格控制加工超差	防止加工超差
6	严格控制生产环境	防止机械损伤或材料腐蚀
7	提高密封加工精度	防止加工超差
8	按要求保管、贮存	防止机械损伤、材料缺陷或材料腐蚀
9	严格进行焊缝检查	防止焊接缺陷
10	开展液压试验	防止设计缺陷或焊接缺陷
11	开展疲劳试验	防止设计缺陷或焊接缺陷
12	开展爆破试验	防止设计缺陷或焊接缺陷
13	开展气密检查	防止焊接缺陷
14	严格进行材料性能检查或复验	防止材料缺陷
15	加强验收、检验	防止加工超差、机械损伤或材料缺陷
16	严格按规程装配	防止机械损伤
17	采取安全防范措施	防止机械损伤
18	按规定期限使用	防止材料缺陷或超期使用
19	加强检验工具保证	防止加工超差

表 6—23　对增压管路的建议措施

序　号	建议措施	目　的
1	加强管路动态特性分析	防止设计缺陷导致减压器故障
2	按增压管路可靠性设计规范设计	防止设计缺陷
3	严格执行三级审签	防止设计缺陷
4	及早进行设计复核、复算	防止设计缺陷
5	开展试验验证	防止设计缺陷
6	严格控制加工超差	防止密封面质量超差
7	严格控制生产环境	防止材料腐蚀或多余物
8	按要求保管、贮存	防止材料缺陷、材料腐蚀或多余物
9	严格进行焊缝检查	防止焊接缺陷
10	严格进行材料性能检查或复验	防止材料缺陷
11	加强验收、检验	防止密封面质量超差、材料缺陷或多余物
12	严格按规程装配	防止未对中拧紧、材料缺陷或多余物
13	严格控制多余物	防止未对中拧紧或管路多余物

表 6—24　对活门的建议措施

序　号	建议措施	目　的
1	加强减压器动态特性分析	防止减压器动态特性不稳或膜片破裂
2	按可靠性设计规范进行各类活门的设计	防止设计缺陷导致溢出活门卡住、减压器动态特性不稳、单向活门导向不好等
3	严格执行三级审签	防止设计缺陷
4	及早进行设计复核、复算	防止设计缺陷

续表

序　号	建议措施	目　的
5	开展密封元件、膜片试验验证	防止密封元件失效、活门卡住、膜片破裂或减压器动态特性不稳
6	严格控制弹性元件、密封元件、密封面、溢出活门、减压器膜片、测压活门加工超差	防止弹性元件失灵、密封元件失效、密封面划伤、活门卡住、膜片破裂或测压活门导向不好
7	严格控制生产环境	防止多余物或电爆管失效
8	按要求保管、贮存	防止弹性元件失灵、密封元件失效、密封面划伤、活门卡住、膜片破裂或电爆管失效
9	开展疲劳试验	防止弹性元件失灵
10	严格进行材料性能检查或复验	防止弹性元件失灵或膜片破裂
11	加强验收、检验	防止多余物、密封元件失效、密封面划伤、活门卡住、膜片破裂、动态特性不稳或电爆管失效
12	严格按规程装配	防止弹性元件失灵、多余物、密封元件失效、密封面划伤、活门卡住、膜片破裂、电爆管失效或导向不好
13	采取安全防范措施	防止密封面划伤
14	减压器膜片、电爆管按规定期限使用	防止膜片破裂、电爆管失效
15	控制多余物	防止多余物或密封元件失效
16	严密监视贮箱压力	及时采取更换活门等补救措施

表6—25 对气瓶手充气开关的建议措施

序　号	建议措施	目　的
1	严格控制加工超差	防止密封元件失效、密封面划伤或开关关闭不到位
2	严格控制生产环境	防止多余物
3	按要求保管、贮存	防止密封元件失效、密封面划伤或多余物
4	加强验收、检验	防止密封元件失效、密封面划伤或多余物
5	严格按规程装配	防止密封元件失效、密封面划伤、多余物或开关关闭不到位
6	采取安全防范措施	防止密封面划伤
7	控制多余物	防止多余物、密封元件失效或开关关闭不到位
8	严密监视贮箱压力	及时采取更换活门等补救措施

表6—26 对增压孔板的建议措施

序　号	建议措施	目　的
1	规范增压孔板设计	防止设计缺陷
2	严格执行三级审签	防止设计缺陷
3	及早进行设计复核、复算	防止设计缺陷
4	开展试验验证	防止设计缺陷
5	严格控制加工超差	防止生产超差
6	严格控制生产环境	防止多余物
7	加强验收、检验	防止生产超差
8	严格按规程装配	防止多余物
9	控制多余物	防止多余物

表6—27　对贮箱的建议措施

序　号	建议措施	目　的
1	按可靠性设计规范进行贮箱设计	防止计算错误、设计缺陷导致壁厚不够、刚度不够或防晃隔框、消旋器安装固定不牢
2	严格执行三级审签	防止计算错误、设计缺陷
3	及早进行设计复核、复算	防止计算错误、设计缺陷
4	开展试验验证	防止计算错误、设计缺陷
5	严格密封元件、贮箱结构加工超差	防止密封元件失效、贮箱壁板厚度不够或防晃隔框刚度不够
6	严格控制生产环境	防止多余物或电爆管失效
7	按要求保管、贮存	防止密封元件失效
8	严格进行焊缝检查	防止焊接缺陷
9	开展液压试验	防止设计缺陷、焊接缺陷
10	开展静力试验	防止设计缺陷、计算错误
11	严格气密检查	防止焊接缺陷
12	严格进行材料性能检查或复验	防止结构材料刚度不够
13	加强验收、检验	防止密封元件失效、壁板厚度不够或防晃隔框刚度不够
14	严格按规程装配	防止密封元件安装错误、密封元件失效
15	控制多余物	防止密封元件失效
16	加强检验工具保证	防止测量错误

6.3 房屋型 FMECA 应用案例的结论

6.3.1 运载火箭增压系统应用房屋型 FMECA 的结论

通过房屋型 FMEA 在增压系统设计中的应用，在该型运载火箭增压系统的气瓶、增压管路、活门、气瓶手充气开关、增压孔板、贮箱分别明确可靠性框图的基础上，通过各部分的故障模式分析屋、故障原因分析屋、故障影响分析屋进行故障模式及其原因和影响分析。通过分析发现：气瓶共有 3 种Ⅱ类故障，增压管路共有 4 种Ⅱ类故障，活门共有 12 种Ⅱ类故障，气瓶手充气开关共有 1 种Ⅱ类故障，增压孔板共有 2 种Ⅱ类故障，贮箱共有 1 种Ⅰ类故障、7 种Ⅱ类故障；共计 1 种Ⅰ类故障，29 种Ⅱ类故障。

增压系统建议措施分析屋结果表明：

1）在所有的故障原因中，故障原因 21（即膜片破裂）需要采取的措施最多（11 种）；其次为故障原因 20（即活门卡住）需要采取 8 种措施；故障原因 18（即密封元件失效）和故障原因 39（即刚度不够）需要采取 7 种措施；故障原因 6、16、17、22、36、37 均为需要采用 6 种措施；故障原因 1、3、9、15、23、25、26、27、33、35、40 均为需要采取 5 种措施。

2）在所有的建议措施中，针对故障原因较多的是加强验收检验、严格按规程装配（措施 o 和 p），这两项措施均针对 20 种故障原因；其次为按要求保管、贮存（措施 h），该措施针对 17 种故障原因；严格控制加工超差（措施 f），该措施针对 15 种故障原因；开展试验验证（措施 e），该措施针对 14 种故障原因；规范设计、严格执行三级审签（措施 b 和 c），这两项措施均针对 13 种故障原因；及早进行设计复核、复算（措施 d），该措施针对 11 种故障原因；控制多余物（措施 u），该措施针对 9 种故障原因；严格控制生产环境（措施 g），该措施针对 8 种故障原因。

6.3.2　房屋型 FMECA 方法及其软件工具应用评价

通过应用房屋型 FMECA 方法及其软件工具，将填写复杂、烦琐的列表式 FMEA 表转化为填写矩阵式 FMEA 表，将 FMECA 表中数学计算的部分通过计算机软件加以实现，大大减少了使用人员的工作量，使得其应用灵活而方便。该项目的分析人员对房屋型 FMEA 方法及其软件工具给予了充分肯定，指出其优越性具体体现在以下几方面：

1）FMEA 采用填写 FMEA 表格方式，当系统组成产品较多、构成复杂时，由于一个产品功能可能具有几个故障模式，每一个故障模式可能由多个故障原因造成，针对每一个故障原因需要采取多个补偿或纠正措施，从而使该表格形式上呈树状从左到右展开，表格变得十分庞大且利用率低；当采用房屋型 FMEA 后，分别填写故障模式分析屋、故障原因分析屋、故障影响分析屋、建议措施分析屋等，虽然增加了分析屋（表）的数量，但总体规模比 FMEA 表要小，表格利用率要高。

2）在 FMEA 表中，由于故障模式信息是与各产品或功能对应的，故难于进行共模故障、共因故障的分析；当尚未建立起产品故障模式数据库时，故障信息填写的完整性主要靠分析人员尽量考虑周全来保证。在房屋型 FMEA 故障原因分析屋中，故障原因各元素列在“天花板”位置，可以启发分析人员在寻找各故障模式的产生原因时，考虑更加周全；同时通过相关性分析，可以找出共因故障。建议措施分析屋的结果表明，在 FMEA 表建议的 74 条措施（标“1”）的基础上，利用房屋型 FMEA 有助于考虑更加周全，新建议采取 105 条措施（标“1☆”），从而达到 179 条措施，增加了 142%。

3）房屋型 FMEA 便于更加透彻地分析故障模式、故障原因、故障影响、建议措施之间的关系，以便更系统地有针对性地提出建议措施。

4）房屋型 FMECA 应用软件很好地实现了房屋型 FMECA 的功

能，通过与应用案例分析人员的多次沟通和不断完善，软件人机界面良好，可以将房屋型 FMECA 转换为列表式 FMECA，从而使 FMECA 更容易为设计人员所接受。

第7章 在型号研制过程中 QFD与FMECA结合的模型

7.1 QFD与FMECA的联系与区别

7.1.1 QFD与FMECA的共同点和不同点

7.1.1.1 QFD与FMECA的共同点

QFD与FMECA的主要共同点如下：

1）QFD和FMECA不仅仅是具体的方法或公式，而是一种逻辑思维方式。因此，它们都有着广泛的适用范围，既适用于具体的产品设计生产，更适用于复杂系统研制。

2）QFD和FMECA这两种方法都适用于产品研发的全过程，尤其适用于事前的预先分析。

3）QFD和FMECA的分析过程都是动态的反复迭代的过程。

7.1.1.2 QFD与FMECA的不同点

QFD与FMECA的主要不同点如下：

1）QFD主要是从预期目标或功能实现的角度，应用演绎法自上而下对顾客需求和技术经济因素进行分解、展开和权衡分析，其中多维结构的QFD分析模型——系统屋分析方法更适用于复杂系统研发过程中多因素的系统性展开和权衡分析。FMECA是从预期目标或功能不能实现的角度，应用归纳法往往是由下而上系统地分析产品设计可能存在的每一种故障模式及其产生的后果和危害的程度，找出设计薄弱环节以实施重点改进和控制。

2）QFD 采用矩阵式分析模型，尤其是系统屋分析方法采用若干矩阵有机组合的分析模型，是多因素分析；而 FMECA 主要是采用列表式的分析模型，是单因素分析。

3）QFD 技术在工程应用过程中，通过将因素的展开、权衡，注重多因素分析的系统性；而 FMECA 技术在工程应用过程中强调对所有故障模式识别和分析的全面性，同时，更注重对故障模式的原因和影响的追根式分析的深入性、透彻性。

7.1.2 QFD 与 FMECA 的局限性和互补性

7.1.2.1 QFD 与 FMECA 的局限性

QFD 技术在应用的过程中存在一定的局限性，主要是在应用 QFD 技术进行多因素分解、展开分析的过程中，专家进行重要度、相关性打分往往主要是根据工程经验和个人偏好笼统地进行，对一些潜在故障隐患、关键难点、不确定因素的分析不够透彻，致使打分可能存在一定的盲目性和主观性。

FMECA 技术在应用的过程中也存在一定的局限性，主要是确定故障模式往往缺少从顾客需求直接转换而来的要求信息，缺少对本项目全面、系统的分析，现行的 FMECA 表的结构也不便进行产品功能与故障模式、故障原因、故障影响之间的相关分析，因而不便进行共因故障、共模故障的分析。

7.1.2.2 QFD 与 FMECA 的互补性

QFD 与 FMECA 的结合可以对各自的局限性进行互补。FMECA 通过与 QFD 技术结合，尤其是与 QFD 的系统屋分析模型相结合，会使分析输入的信息更加明确、系统，重点分析项目的确定和分析输出结果的应用更加具有系统性，即与型号研制过程中多因素、多层次的系统分析和综合权衡的结合更为密切；故障影响的分析更加具有系统性，更便于分析对上一层次和系统总体的影响，而且便于分析对相关的其他部件或分系统的影响；同时，由于把各分系统、单机的FMECA有机联系，便于对相同或相似故障进行统计分析，便于进行故障模式与故障原因的相关分析，以寻找故障的共同模式和共同原因。QFD通过与FMECA结合，会使FMECA的输入信息与顾客需求的联系更加密切，QFD的分析模型按型号研制过程展开时，对潜在故障隐患和不确定因素的分析更加透彻，专家在进行重要度、相关度打分时更有把握，解决措施更加具有针对性。

7.2　在型号研制生产全过程QFD与FMECA结合的模型

型号研制过程就是一个系统工程过程，是一个自上而下、全面综合、反复迭代、循环递进的分析和解决问题的过程。在型号研制过程中，每一个研制阶段都有明确的输入和输出，都有相互联系的一系列活动，都有明确、具体的要求和节点，都有若干约束条件。

各类型号的研制程序各不相同，但其思路和流程结构大体相同。按研制程序，型号研制阶段通常划分为论证阶段、方案阶段、工程研制阶段、定型阶段和生产阶段。各类航天型号的研制阶段划分，根据其研制特点有所不同。运载火箭研制阶段划分为论证阶段、方案阶段、初样阶段、试样阶段、发射阶段。卫星研制阶段划分为论证阶段、方案阶段、初样阶段、正样阶段、发射和在轨测试阶段。导弹的研制阶段划分为论证阶段、方案阶段、工程研制阶段（包括初样阶段、试样阶段）、定型阶段（包括设计定型和工艺定型）。

型号研制生产全过程要严格实施技术状态管理。每一研制阶段的节点称为里程碑。在每一研制阶段结束前要进行转阶段评审，以确定该阶段的研制工作是否达到了规定的要求，只有达到要求方可进入下一研制阶段。随着研制活动的进展和展开，逐步形成型号的系统规范、产品项目性能规范和产品项目详细规范，并与之相对应建立起型号研制过程的功能基线、分配基线和产品基线。

QFD 技术适用于型号研制的全过程，尤其是最适用于型号研制的早期。系统屋分析模型尤其适用于多因素、多层次的系统分析和综合权衡。在型号研制早期的策划过程中，把系统屋作为一个系统性的分析工具，可用于对技术与管理决策提供支持。在型号研制的早期制订 FMECA 计划，便于确定型号研制系统工程中 FMECA 的重点项目及其作用，便于系统性地计划开展 FMECA 活动，使各层次、各部件的 FMECA 有机地联系起来，使 FMECA与型号研制中系统分解和综合权衡有机结合，以优化方案和降低风险。

在型号研制生产全过程，QFD 系统屋分析与 FMECA 的结合应用模型如图 7—1 所示。

图 7—1 中，QFD 系统屋分析模型在型号研制生产全过程的应用就是将这种分析方法按研制程序融入于各研制生产阶段的系统工程管理。各研制阶段通过建立一个系统屋或系统屋系列，系统性地分析、展开各研制阶段的输入、输出和各项活动的内容、条件、时机、责任等；同时，在各研制生产阶段也应针对潜在故障或不确定因素相应地开展 FMECA。其中，在论证阶段主要是开展系统 FMECA和功能 FMECA；在方案阶段主要是编制 FMECA 的计划和开展系统 FMECA、功能 FMECA；在工程研制阶段开展硬件 FMECA、软件 FMECA、接口 FMECA、试验过程 FMECA 和试制工艺 FMECA，在生产阶段主要是开展生产工艺 FMECA。

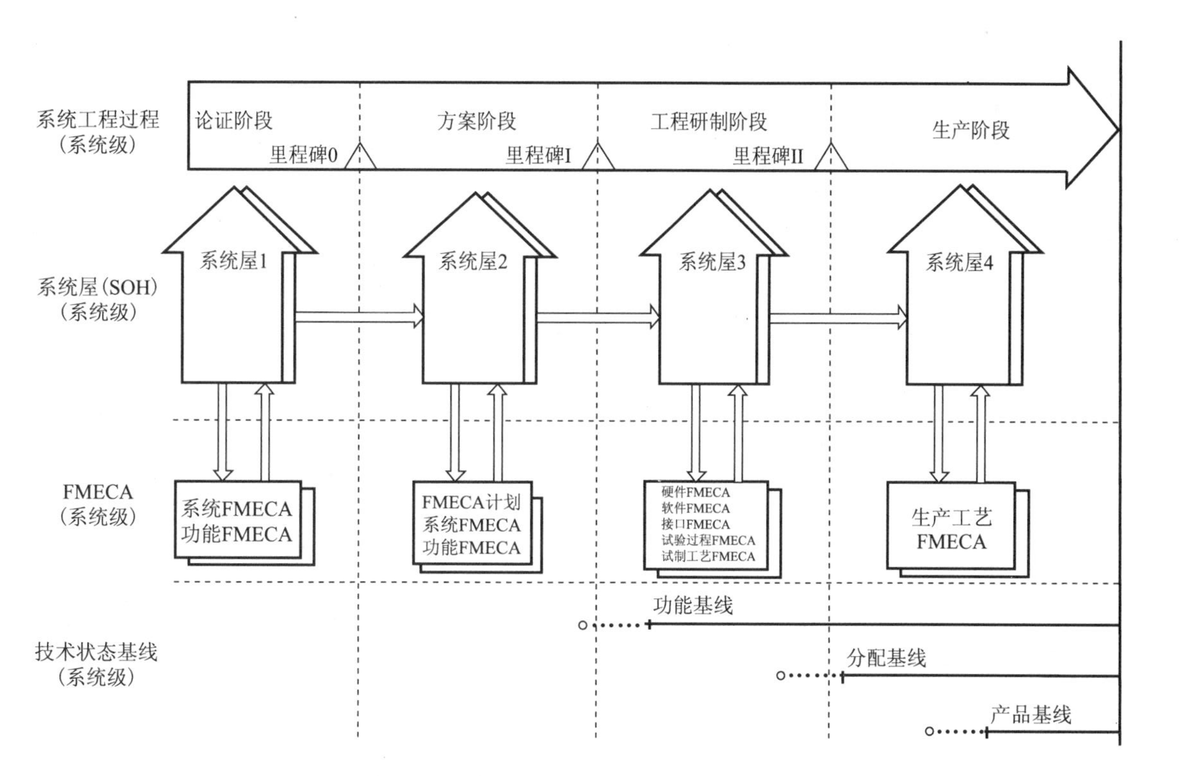

图7-1　型号研制中QFD和FMECA的应用

7.3 在型号研制各阶段 QFD 与 FMECA 结合的基本模型

在各研制阶段通过建立一个系统屋或系统屋系列，系统性地分析各研制阶段的输入因素，把各阶段的任务要求等输入因素系统性地转化为具体的产品要求和工程措施等输出因素，并分析各因素的重要程度和相互之间的相关性。

在应用系统屋分析模型对各阶段多因素、多层次进行正向的分解展开和综合权衡的过程中，应用 FMECA 对潜在故障隐患和不确定因素进行反向分析，即系统 FMECA、功能 FMECA、硬件 FMECA 和试验过程 FMECA 等，分析其潜在故障及其原因、影响和危害性，并把其分析结果和建议采取的预防、改进措施或补偿措施反馈到系统屋分析之中，以便进一步落实，并使在系统屋分析时专家对重要度、相关性的打分更有把握，使得各研制阶段系统屋中的不确定因素更加确定，使 QFD 分析输出更科学，以消除故障隐患和降低风险。

虽然根据产品技术复杂程度、研制特点的不同，各类型号产品和各研制阶段的系统屋的结构和分析内容都会有所不同，但也存在着一定的相同之处。在型号研制各阶段，QFD 系统屋分析与 FMECA 结合应用的基本模型如图 7－2 所示。

如图 7－2 所示，型号研制生产各阶段系统屋的基本分析模型有以下几个因素：

因素 A——任务要求

任务要求是系统屋分析模型中最主要的输入因素，根据研制程序，各阶段的任务要求有所不同。论证阶段任务要求就是顾客需求。方案阶段任务要求就是研制总要求。工程研制阶段任务要求就是研制任务书中的具体的产品性能指标要求和工作要求。

因素 B——约束条件

约束条件也是系统屋分析模型中必不可少的输入因素。各阶段的约束条件不同，但是，在各阶段考虑约束条件时不是单纯考虑本阶段的约束条件，而是要考虑从本阶段向后各阶段的约束条件。例如在方案阶段系统屋分析中，不仅是考虑本阶段在经费、人员、研制时间、技术储备等方面的约束条件，而是要考虑工程研制阶段、定型后生产阶段在经费、人员、时间、技术、工作设施和场所等方面的约束条件，以使提出的工程措施更具有可行性。

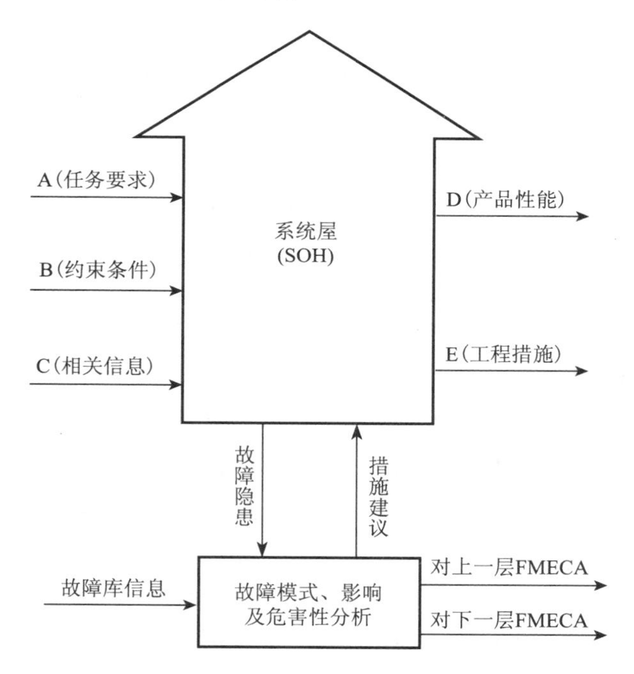

图7－2　各研制阶段系统屋与FMECA相结合的基本模型

因素C——相关信息

相关信息通常可作为辅助性输入因素，如相关的同类或相似产品的指标等，这种指标也是很重要的。

因素D——产品性能

产品特性作为输出因素，包括产品的功能特性和可靠性、维修性、安全性、测试性、保障性等特性指标，在论证阶段、方案阶段是提出产品性能的定性、定量的要求，在工程研制阶段、生产阶段是逐步把产品性能要求加以具体化并最终得以实现。

因素 E——工程措施

工程措施作为输出因素，是指针对产品要求按照有关文件、标准所采取的技术和管理措施或开展的研制生产活动，也可将工程措施改为工作项目。

在各阶段的系统屋分析中，通常可以采用以下步骤：

第一步，分析和初步确定任务要求、约束条件和相关信息各输入因素中的各元素及其重要度。

第二步，进行各输入因素之间的相关分析，使输入因素之间更加具有协调性，其中任务要求与约束条件的相关分析主要是用于分析任务的可行性，任务要求与相关信息的相关分析的目的是使提出的任务要求更加具有先进性和合理性。

第三步，进行输入因素与输出因素的相关分析，将输入因素转化为输出因素，其中将任务要求作为主要的输入因素，通过任务要求与产品性能的相关分析提出更为具体的产品性能要求及其重要度；通过任务要求与工程措施的相关分析提出具体的工程措施及其重要度；通过约束条件与工程措施的相关分析，对工程措施的可行性进行分析。

第四步，进行输出因素之间的相关性分析，如产品性能与工程措施的相关性分析，使工程措施与产品性能指标更加协调。

在应用系统屋进行输入因素与输出因素相关分析并提出产品性能和工程措施的过程中，对于具有潜在故障的产品功能、部件元素和不确定的工程措施元素，同时开展 FMECA，深入分析其潜在故障的内在原因、影响及其危害性，提出相应的预防、改进或补偿措施，并将其反馈到产品性能要求和工程措施中，并在必要时对上一层 FMECA 和下一层 FMECA 提供信息以进一步开展相关的 FMECA，从而提高产品的可靠性，减少工程措施的不确定性。

下面给出论证阶段、方案阶段和工程研制阶段 QFD 与 FMECA

结合的模型，定型阶段和生产阶段的系统策划和综合分析也同样适用上述QFD与FMECA结合的模型，但由于篇幅所限这里不予论述。

7.4　在论证阶段QFD与FMECA结合的模型

航天型号论证就是通过对型号工程项目的必要性和可行性进行综合性分析，为立项提供必要的科学的依据。论证阶段的主要任务是通过分析国内外同类技术和产品现状及发展趋势，开展需求分析，提出研制目标和发展思路，进行可行性论证、风险分析和必要的试验，明确使用要求和初步技术指标，提出型号系统组成及对主要的配套设备的初步要求，提出总体技术方案设想和拟采用的技术途径，初步拟定可靠性、维修性、安全性、测试性、保障性等要求，提出技术关键项目和攻关项目，初步提出大型试验项目，提出研制总承制单位和主要的分承制单位及其分工和协作定点建议，提出研制经费、研制周期和保障条件要求，编制型号《可行性综合论证报告》等文件并上报，形成《研制总要求》。

对于运载火箭、卫星、载人飞船等航天产品，论证依据主要是国家在航天科技工业及应用领域的发展战略和中长期规划和计划，重大航天工程的组织者（如载人航天工程办公室）、航天产品用户（如卫星广播通信公司等）的需求，即性能指标及可行性论证任务，预先研究成果，有关标准和规范等。对于导弹的论证主要是依据国防建设需要及武器装备发展战略和中长期规划，导弹采购方和使用方提出的作战使用需求和战术技术指标及可行性论证任务，战略武器技术政策，预先研究成果，有关标准、规范和法令等。

QFD技术最适合对顾客需求进行系统性分析和展开，尤其是系统屋技术适合于对大型复杂系统的任务需求、相关条件、总体技术方案等进行系统分析和综合权衡。因此，在论证阶段是应用系统屋技术的最佳时机。

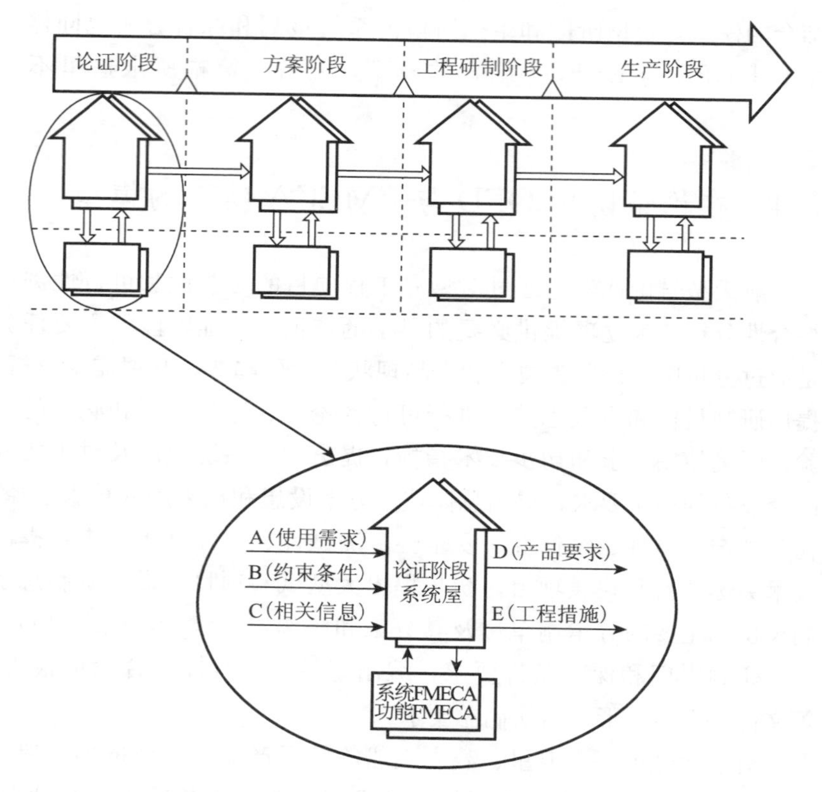

图 7—3 论证阶段系统屋与 FMECA 相结合的模型

系统屋分析与 FMECA 在论证阶段结合应用的模型如图 7—3 所示。如图 7—3 所示，论证阶段的系统屋应当有以下几个因素：

因素 A——使用需求

针对航天产品，在论证过程顾客首先主要是从需求的角度提出初步的使用需求，需要进一步通过综合分析和论证，形成初步的技术指标。例如，对于运载火箭来讲，使用需求主要是运载能力、入轨精度、入轨姿态精度、整流罩净空间、有效载荷接口、环境条件、可靠性等；对于导弹来讲，使用需求是指提出的作战需求，即初步的战术技术指标，包括射程、命中精度、战斗部杀伤力、机动性和隐蔽性、发射准备时间、突防能力、电子对抗能力、可靠性、安全性和维修性等；对于各类卫星来讲，较为通用的指标有有效载荷和功能、覆盖区域、定点位置、寿命、可靠性等。在初步提出技术指标时，不应将各指标孤立对待，应将全部指标视为一个整体，注重其间的相互关系。

因素 B——约束条件

约束条件是从可行性的角度考虑的分析因素，包括相关技术政策，预先研究成果，有关标准、规范和法令的约束（如相关国际组织在卫星轨道频段和空间碎片等方面的规定），原材料和元器件等技术基础的限制，研制周期和经费，试验和测试设施等。

因素 C——相关信息

在论证阶段不能把相关信息简单地作为次要的辅助性输入因素，因为在论证阶段综合分析和论证的重要内容就是收集、分析可参照产品的技术性能、可借鉴的技术方案及工程措施、国内外相关的标准、文献的信息等。

因素 D——产品要求

产品要求作为输出因素，在论证阶段要提出初步的技术性能指标，包括战术技术性能、可靠性、维修性、安全性、测试性、保障性等方面的指标和要求。

因素 E——工程措施

在论证阶段，工程措施是指提出的初步技术方案，作为论证阶段的输出因素，通常应当包括以下内容：

1）研制周期及阶段划分和研制进度的设想；

2）研制经费概算和落实方案；

3）型号两总队伍的组建方案；

4）参加单位及职责分工；

5）保障条件及相关要求；

6）大型试验的项目；

7）成熟技术、新技术的采用和必须突破的关键技术；

8）关键技术风险的识别、分析和控制等；

9）新设施和重大技术改造项目。

在论证阶段系统屋或系统屋系列中，输入因素是使用需求、约束条件和相关信息，其中使用需求是最初的“顾客的声音”，对其进行重要度分析、相关分析和转换、展开是系统屋最关键的一步。使用需求反映论证型号研制生产的必要性，约束条件反映论证型号研制生产的可行性。作为大型复杂系统的航天型号论证就是对影响必要性和可行性诸多因素的系统分析和综合权衡。相关信息既支持必要性分析，又支持可行性分析。完成的论证报告和形成的研制总要求中所初步提出的产品性能要求和论证阶段应当开展的工作项目或应实施的工程措施作为输出因素。该系统屋分析主要有以下四大步骤：

第一步，研究顾客对产品功能和性能的期望，了解产品将来的使用环境，与顾客沟通，共同提炼和梳理出顾客的使用需求（A），作为最重要的输入因素，对使用需求进行分类和分层，在此基础上确定各项使用需求的权重；同时，进行使用需求这一因素中各元素之间的相关性分析，使各元素相互协调，不矛盾，不重复。

第二步，进行输入因素之间的相关分析，包括使用需求与约束条件的相关分析（A 与 B），分析使用需求的可行性；使用需求与相关信息的相关分析（A 与 C），分析其先进性和合理性。这样，通过输入因素之间的相关分析，使输入因素的必要性与可行性有机结合。

第三步，通过输入因素与输出因素的相关分析，将输入因素转化为输出因素，包括使用需求与产品要求的相关分析（A 与 D）、使用需求与工程措施的相关分析（A 与 E），约束条件与工程措施的相关分析（B 与 E）。这样，通过使用需求与产品要求的相关分析（A 与 D）初步提出型号产品的功能特性和可靠性、维修性、安全性、保障性指标要求；通过使用需求与工程措施的相关分析（A 与 E）提出论证阶段的工作项目及其完成形式；通过约束条件与工程措施的相关分析（B与E），对工程措施的可行性进行分析。

第四步，进行输出因素之间的相关分析。先进行产品要求因素中各元素之间、工程措施因素的各元素之间的相关分析，以使各元素相互协调，不矛盾，不重复；再通过产品要求与工程措施的相关分析（D与E），使产品要求与工程措施更加协调。

对于在论证阶段的备选方案，应当通过建立另一个系统屋或系统屋系列进行分析，并通过对各系统屋或系统屋系列分析过程和分析结果所进行的比较，来分析各方案之间的优劣。

在总体论证中应用系统屋分析的同时，对关键的分系统也应通过建立系统屋或系统屋系列支持其论证工作，并使总体和关键分系统论证工作的系统分析结合为一体。

在论证阶段，伴随着应用系统屋在进行需求和措施的转换、分解和权衡分析的过程，针对不能按预期实现其功能的隐患开展系统FMECA、功能FMECA，分析潜在故障模式、影响及危害性之间的关联性，尤其是针对选用的新方案、新技术、新材料等风险性较大的因素进行FMECA，并在对关键分系统进一步开展相关的FMECA，将分析结果反馈到论证工作中，以便通过完善或更换方案，从论证阶段就预防型号研制风险。

7.5　在方案阶段QFD与FMECA结合的模型

方案阶段主要任务是在论证阶段的基础上，在型号任务明确并且基本途径已经确定、研制总要求已经批准的情况下，组建型号研制队伍，落实任务承担单位，明确研制分工，编制研制流程和研制计划，提出质量保证要求，明确各研制阶段的可靠性、安全性、标准化工作，开展总体方案和分系统方案设计，完成关键技术攻关，进行大量的仿真试验、原理样机研制和验证试验，开展风险管理的策划和组织实施，开展型号经费预算管理，进行保障条件建设，形成研制任务书等一系列型号工程管理文件。

在方案阶段可以建立一个系统屋或系统屋系列作为辅助性分析工具，同时与之相结合开展系统 FMECA、功能 FMECA，为方案阶段研制工作提供支持。系统屋分析与系统 FMECA、功能 FMECA 在方案阶段结合应用的模型如图 7—4 所示。

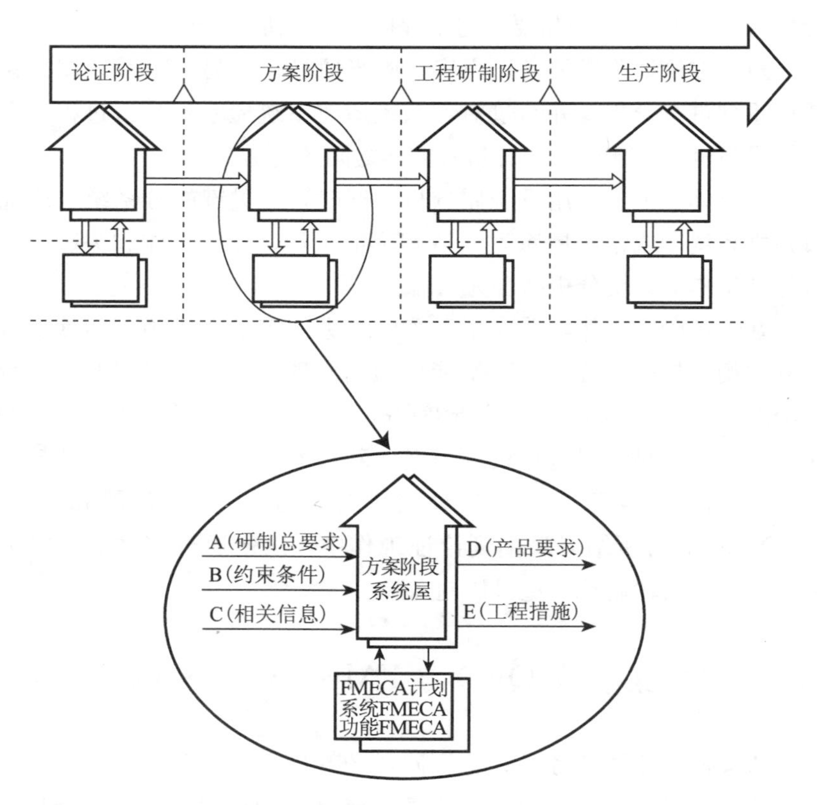

图 7—4　方案阶段系统屋与 FMECA 相结合的模型

如图 7—4 所示，方案阶段的系统屋应当有以下几个因素：

因素 A——研制总要求

研制总要求是经过批准的型号研制总要求，作为主要的输入因素，包括通过技术要求文件明确的型号产品的功能特性和可靠性、维修性、安全性、测试性、保障性指标要求和明确的研制工作要求。

因素B——约束条件

约束条件是必要的输入因素，包括在经费、人员、研制和试验场所、研制时间、技术储备、元器件和原材料采购等方面的限制。

因素C——相关信息

相关信息作为辅助性输入因素，包括相关的标准、文献、国内外相同或相似产品技术指标、相关技术和工程管理信息等。

因素D——产品要求

产品要求作为输出因素，包括型号产品在功能特性和可靠性、维修性、安全性、测试性、保障性等方面明确的指标要求。

因素E——工程措施

工程措施作为输出因素，在方案阶段通常应当按照研制总要求和研制合同实施以下项目研制工作：

1）确定工作分解结构（WBS）；

2）制定系统规范，建立功能基线；

3）确定型号两总和产品保证负责人；

4）确定设计、生产单位和协作单位；

5）编制研制程序流程图和研制计划网络图；

6）进行总体方案设计，提出分系统方案设计要求并开展分系统方案设计；

7）明确可靠性、安全性工作项目；

8）明确型号标准化工作项目；

9）开展关键技术攻关；

10）拟定大型试验的初步方案；

11）进行研制费用概算；

12）模型样机或原理性样机的设计、制造与试验；

13）实施方案阶段质量控制和质量问题归零管理；

14）进行方案评审；

15）进行研制保障条件建设；

16）组织技术和管理文件归档等。

在列出这些研制工作的同时，还应列出其完成的形式，包括：

1）技术攻关项目及相应的试验；

2）模型样机或原理样机研制及原理性试验；

3）方案阶段应当完成以下文件的编制并通过审查和批准：

- 技术方案报告；
- 研制工作总计划；
- 研制任务书；
- 产品保证大纲；
- 型号标准化大纲；
- 主要技术规范；
- 材料的选用范围和元器件的优选目录；
- 关键项目清单；
- 初样产品技术配套表和计划配套表；
- 综合保障计划；
- 工艺总方案；
- 方案阶段经费决算和工程研制经费的预算；
- 方案阶段技术总结报告等。

在方案阶段系统屋或系统屋系列中，输入因素是经过批准的型号研制总要求（A）、约束条件（B）和相关信息（C），其中研制总要求是最主要的输入因素，约束条件用于分析方案的可行性，相关信息作为辅助性输入因素为方案的论证和验证工作提供信息支持。提交上报的研制任务书中对各分系统所提出的详细的产品功能特性要求和方案阶段应当开展的工作项目作为输出因素。该系统屋分析主要有以下三大步骤：

第一步，分析输入因素之间的协调性，通过研制总要求与约束条件的相关分析（A 与 B），分析其可行性；同时通过型号研制总要求与相关信息的相关分析（A 与 C），分析方案的先进性和合理性。

第二步，通过输入因素与输出因素的相关分析，将输入因素转化为输出因素，包括通过研制总要求与产品要求的相关分析（A与D）提出更为具体的型号产品的功能特性和可靠性、维修性、安全性、保障性指标要求，包括分系统的指标要求和接口要求；通过型号研制总要求与工程措施的相关分析（A与E）提出方案阶段更为具体的研制工作项目及其完成形式，即应完成哪些研制工作和文件的制定；通过约束条件与工程措施的相关分析（B与E），对工程措施的可行性进行分析。

第三步，进行输出因素之间的相关分析，主要是通过产品要求与工程措施的相关分析（D与E），使工程措施与产品要求更加符合。

对于方案研究中的备选方案，应当通过建立另一个系统屋或系统屋系列进行分析，并通过对各系统屋或系统屋系列分析过程和分析结果所进行的比较，来分析各方案之间的优劣。

在总体方案设计中应用系统屋分析的同时，对各分系统也应通过建立系统屋或系统屋系列支持各分系统方案设计，并使总体和各分系统技术方案的系统分析结合为一体。

在方案阶段，伴随着应用系统屋在进行要求和指标的转换、分解和权衡分析的过程，一方面制订开展FMECA的计划，另一方面针对不能按预期实现其功能的隐患开展系统FMECA、功能FMECA，分析潜在故障模式、影响及危害性之间的关联性，尤其是针对选用的新方案、新技术、新材料等风险性较大的因素进行FMECA，并对上一层FMECA和下一层FMECA提供信息以进一步开展相关的FMECA，将分析结果反馈到方案的论证和验证工作中，以便通过更改或更换方案，采用相应的预防、改进措施或补偿措施，从方案阶段就提高型号产品的可靠性和减少型号研制风险。

在系统屋分析与FMECA相结合的同时，还应与使用工作分解结构、功能流程图（FFBO）、要求分配单（RAS）、时间分析（TLS）单、故障树分析等方法相结合，如图7—5所示。

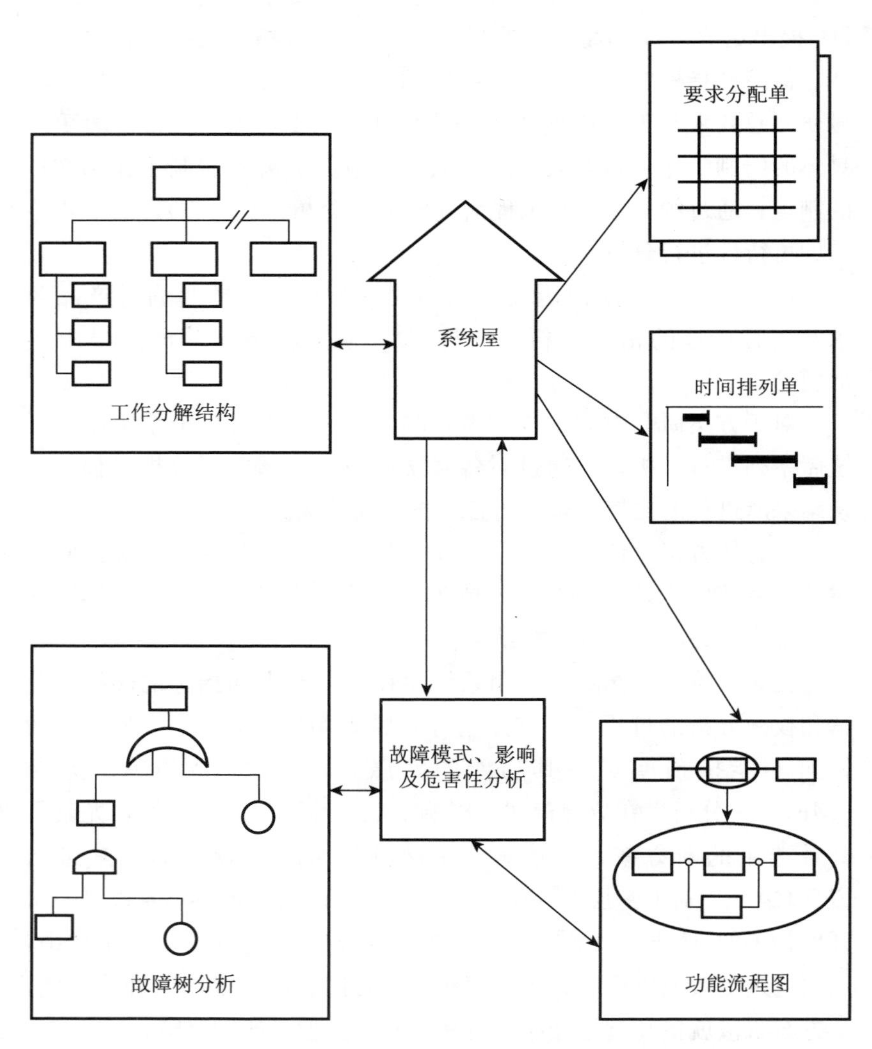

图 7—5 系统屋分析、FMECA 与相关系统工程分析方法应用示意图

7.6　在工程研制阶段QFD与FMECA结合的模型

工程研制阶段的主要任务是根据已经批准的项目研制任务书，进行产品的设计、试制和试验。航天型号将工程研制阶段划分为初样阶段和试样（正样）阶段（对于运载火箭、导弹称为试样阶段，对于卫星、飞船称为正样阶段）。

虽然，运载火箭、导弹、卫星、飞船在初样阶段的主要任务各有不同，但任务项目大体一致，都是根据方案设计确定的总体方案以及总体向分系统、分系统向单机下达的初样研制任务书，完善研制流程、产品保证大纲等型号管理文件，进行总体、分系统、单机的初样设计，开展可靠性、安全性、维修性、测试性、保障性的设计、分析和试验，实施一系列研制过程的质量控制，进行初样产品的试制和装配，进行初样阶段的各项地面试验，通过初样阶段的评审，完成总体向分系统、分系统向单机提出试样研制任务书等工作。

运载火箭、导弹、卫星、飞船在试样（正样）阶段的主要任务各有不同，但都是在初样的基础上使研制工作更加深入、细化，使型号产品进一步从理论研究、设计开发走向全面的工程实现，完成试样（正样）设计及评审，完成试样（正样）研制、总装测试，完成系统地面试验和靶场合练，完成研制性飞行试验和部分定型鉴定性试验，实施一系列研制过程的质量控制并使质量问题全部归零，形成全套试样（正样）设计、工艺等技术和管理文件，完成工程研制评审等工作。

在工程研制阶段中的初样、试（正）样阶段可以各建立一个系统屋或系统屋系列作为辅助性分析工具，为研制工作的系统策划提供支持。同时，与之相结合开展硬件FMECA、软件FMECA、接口FMECA、试验过程FMECA和试制工艺FMECA。系统屋分析与FMECA在工程研制阶段结合应用的模型见图7－6所示。初样、试

（正）样阶段的模型与之类似，具体内容根据研制工程的进展而不断深入和细化。

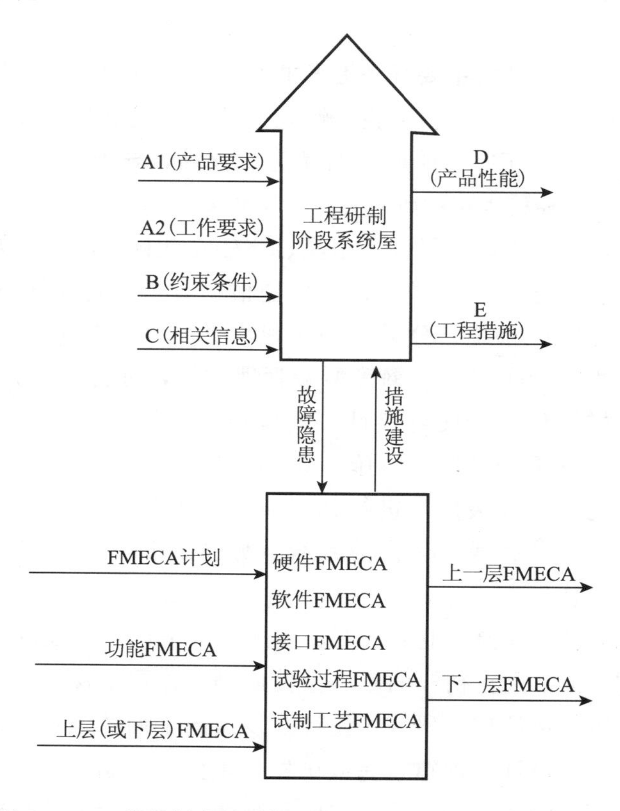

图 7—6 工程研制阶段系统屋分析与 FMECA 相结合的模型

如图 7—6 所示，初样研制阶段的系统屋应当有以下几个因素：

因素 A1——产品要求

产品要求作为主要输入因素，主要是指通过研制任务书、研制合同所明确的型号产品的功能特性和可靠性、维修性、安全性、测试性、保障性等方面明确的指标和要求。

因素 A2——工作要求

工作要求作为主要输入因素，包括研制任务书、产品保证大纲、型号标准化大纲、主要技术规范、关键项目清单、工艺总方案等文件和工程研制阶段合同中明确的任务要求和管理要求。

因素 B——约束条件

约束条件是必要的输入因素，包括工程研制阶段在经费、人员、场所、研制时间、技术储备等方面的条件。

因素 C——相关信息

相关信息作为辅助性输入因素，包括相关的文献、国内外相同或相似产品技术指标、相关工程管理信息等。

因素 D——产品性能

产品性能及其体现这些性能的产品作为输出因素，包括在工程研制阶段技术文件中提出的产品的功能特性和可靠性、维修性、安全性、测试性、保障性等方面更为详细、具体的设计要求和提供满足这些要求的产品。

因素 E——工程措施

工程措施作为输出因素，是指根据研制程序、研制任务书和研制合同等文件、相关标准的要求开展的设计、试制与试验及其管理工作，主要包括下列内容：

1）编制产品规范、工艺规范、材料规范等技术文件；

2）完善型号研制技术流程等文件；

3）进行总体、分系统、单机产品的设计；

4）开展技术风险的识别、分析和控制；

5）样品制造、装配和测试；

6）开展转阶段评审；

7）开展研制性试验和验证试验，包括大型地面试验和飞行试验；

8）编制工程经费预算和决算；

9）组织技术和管理文件归档等。

其中，质量与可靠性工作项目主要包括下列内容：

1）可靠性、维修性、安全性、测试性、保障性设计、分析、试验及其管理工作；

2）实施技术状态更改控制；

3）设计评审、工艺评审、试制产品质量评审；

4）元器件选用、采购、监制、验收和失效分析的统一管理；

5）材料、机械零件和工艺保证；

6）软件产品保证；

7）设计复核、复算；

8）试验准备状态检查和试验过程控制；

9）试制准备状态检查和试制过程控制；

10）进行测试覆盖性分析；

11）进行质量问题归零管理等。

在工程研制阶段一般应当完成以下文件的编制、审查和批准，即

1）设计报告、设计图样和技术总结报告；

2）设计任务书；

3）故障模式分析报告；

4）研制质量报告；

5）技术评审报告；

6）产品配套表；

7）试制产品评审文件；

8）大型试验总结报告；

9）总装、测试总结报告；

10）试制产品证明书等。

在工程研制阶段系统屋或系统屋系列中，输入因素是经过批准的研制任务书、研制合同中的产品要求（A1）、工作要求（A2）、约束条件（B）和相关信息（C），其中产品要求（A1）和工作要求（A2）是最主要的输入因素，对于相对简单的产品也可考虑将产品要求和工作要求合并；约束条件（B）用于分析工程研制方案的可行性；相关信息（C）作为辅助性输入因素为工程研制工作提供信息支

持。输出因素产品性能（D）是全面符合研制任务书等文件要求的产品设计方案、图纸中主要的技术要求，包括符合设计要求的产品。工程措施（E）是工程研制阶段按研制程序和研制任务书要求应当完成的研制工作项目及其相应文件的制定。该系统屋分析主要有以下三大步骤：

第一步，分析输入因素之间的协调性，通过产品要求与工作要求的相关分析（A1 与 A2），使产品要求和研制工作要求相协调；通过产品要求、工作要求与约束条件的相关分析（A 与 B 或 A1 与 B，A2 与 B），分析其可行性；通过产品要求、工作要求与相关信息的相关分析（A 与 C 或 A1 与 C，A2 与 C），分析工程研制方案的先进性和合理性。

第二步，通过输入因素与输出因素的相关分析，将输入因素转化为输出因素，通过产品要求、工作要求与产品性能（A 与 D）的相关分析提出主要的具体要求；通过产品要求、工作要求与工程措施的相关分析（A 与 E）提出工程研制阶段和开展设计、试制与试验工程措施及其应制定的文件；同时，通过约束条件与产品性能的相关分析（B 与 D）、约束条件与工程措施的相关分析（B 与 E），对产品设计要求、工程措施的可行性进行分析。

第三步，进行输出因素之间的相关分析，主要是通过产品性能与工程措施的相关分析（D 与 E），使产品性能设计要求与实现这些性能的工程措施更加协调；同时，进行产品性能、工程措施两个输出因素各自内部各元素之间相关性分析，以避免各元素之间的矛盾和重复。

工程研制阶段在应用系统屋进行产品要求和指标的转换、分解和权衡分析的同时，对于潜在的不能实现预期要求的隐患相应地开展硬件 FMECA、软件 FMECA、接口 FMECA、试验过程 FMECA 和试制工艺 FMECA，对上一层 FMECA 和下一层 FMECA 提供信息以进一步开展相关的 FMECA，对相同或相似故障进行相关分析和统计分析，寻找故障的共同模式和共同原因，分析故障连锁性、系统性的影响，将分析结果反馈到产品的设计、试验和试制中，用于完善、修改系统的输出因素产品功能特性指标，同时提出应采用的预防、改进措施或提出使用补偿措施，并将这些措施补充到系统屋的输出因素工程措施之中，从而保证产品的可靠性并降低技术风险和减少型号研制工作的不确定性。

第8章　QFD与FMEA结合的模型在航天型号方案设计中的应用

8.1　运载火箭方案设计中QFD与FMEA结合的模型

应用系统屋分析模型对CZ—×运载火箭总体方案进行了正向分解展开和综合权衡，应用FMEA对系统级的潜在故障隐患进行了反向分析，并把分析结果，即针对故障原因提出的建议和采取的措施反馈、补充到系统屋中，再应用系统屋分析模型对各项措施进行了综合权衡，从而完善了系统方案，使运载火箭系统方案更加周全、更加完善合理，为研制阶段工作的策划和开展提供了有价值的参考。

针对CZ—×运载火箭总体方案的特点，分析人员应用QFD与FMEA的结合模型，如图8—1所示。

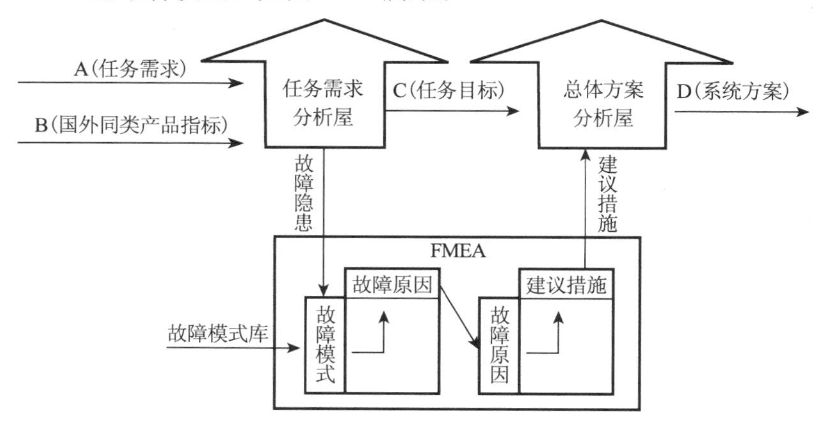

图8—1　CZ—×运载火箭总体方案设计中QFD与FMEA结合的分析模型

8.2　型号任务需求分析屋

在任务需求分析屋，首先，是把“任务需求”和“国外同类产品指标”作为两个输入因素，分别提出 8 个元素和 10 个元素。应用 AHP 层次单排序法分别确定其各元素的权重，并对其进行相关分析，通过参考国外同类运载火箭指标，以使任务需求更加明确、可行。然后，应用 AHP 层次总排序法进行“任务需求”与“任务目标”的相关分析，初步确定产品功能、可靠性水平、研制费用和研制周期等方面的任务目标。案例分析人员对 3 个因素及其 26 个元素进行了系统展开和综合权衡，提出了一系列明确且较为定量化的分析结论。具体内容详见 3.2.1 节。

8.3　型号全箭 FMEA

通过全箭 FMEA，提出故障模式、故障原因和建议措施。应用层次分析法对这 3 个因素及其元素进行了确定权重、相关分析和综合权衡，在此基础上，提出一系列故障预防方案。

8.3.1　全箭 FMEA 表

针对任务需求分析中存在的隐患和不确定因素，应用 FMEA 对 CZ－×运载火箭点火、起飞、飞行、有效载荷分离过程中潜在的故障隐患和不确定因素进行反向的 FMEA 思维分析。对 CZ－×运载火箭全箭主要故障模式与影响分析如表 8－1 所示。

表 8—1 CZ—×运载火箭全箭 FMEA 表

代码	产品	任务阶段	故障模式	故障影响	严酷度	发生概率等级	故障原因	建议措施
LV1M1	CZ—×运载火箭	点火	一台助推器或一级发动机点火失败	运载火箭失控,危及首区安全	Ⅰ	E	点火线路故障； 发动机火工品未爆； 增压膜片未破裂	控制系统采用冗余设计； 研制可靠动力系统； 采用牵制释放装置
LV1M2	CZ—×运载火箭	起飞	运载火箭姿态失控	运载火箭失控,危及首区安全	Ⅰ	E	控制系统故障； 助推或一级发动机误关机	控制系统采用冗余设计； 研制可靠动力系统
LV1M3	CZ—×运载火箭	飞行	运载火箭制导故障	不能正确关机和导引,任务失败	Ⅱ	E	控制系统故障	控制系统采用冗余设计
LV1M4	CZ—×运载火箭	飞行	运载火箭空中解体	任务失败	Ⅱ	E	箭体结构强度破坏	研制可靠箭体结构,可靠性不低于0.999
LV1M5	CZ—×运载火箭	飞行	助推器分离失败	任务失败	Ⅱ	E	点火电流不满足要求； 点火线路故障； 分离火工品未爆； 分离碰撞	控制系统冗余设计； 采用成熟的助推器分离方案

续表

代码	产品	任务阶段	故障模式	故障影响	严酷度	发生概率等级	故障原因	建议措施
LV1M6	CZ—×运载火箭	飞行	整流罩分离失败	任务失败	Ⅱ	E	点火电流不满足要求； 点火线路故障； 分离火工品未爆； 分离碰撞	控制系统冗余设计； 采用成熟的整流罩分离方案
LV1M7	CZ—×运载火箭	飞行	一、二级分离失败	任务失败	Ⅱ	E	点火电流不满足要求； 点火线路故障； 分离火工品未爆； 分离碰撞	控制系统冗余设计； 采用成熟的一、二级分离方案
LV1M8	CZ—×运载火箭	有效载荷分离	有效载荷分离失败	任务失败	Ⅱ	E	点火电流不满足要求； 点火线路故障； 分离火工品未爆； 分离碰撞	控制系统冗余设计； 采用成熟的有效载荷分离方案
LV1M9	CZ—×运载火箭	有效载荷分离	未入轨或入轨精度超差	任务失败	Ⅱ	D	控制系统姿态控制不满足要求； 动力系统工作不正常	控制系统冗余设计； 研制可靠动力系统
LV1M10	CZ—×运载火箭	有效载荷分离	形成空间碎片	危及有效载荷安全	Ⅱ	E	空间碎片未采取减缓措施	采用空间碎片减缓方案

8.3.2 全箭故障模式和故障原因的相关分析

8.3.2.1 确定输入和输出因素

根据全箭FMEA表初步分析结果，确定全箭FMEA中故障原因分析屋输入因素“故障模式”（LV1M）的元素，如表8—2所示；并确定输出因素“故障原因”（LV1Y）的元素，如表8—3所示。

表8—2　“故障模式”元素的名称和编码

元素编码	元素名称
LV1M1	一台助推器或芯一级发动机点火失败（严酷度为Ⅰ类的故障）
LV1M2	运载火箭姿态失控（严酷度为Ⅰ类的故障）
LV1M3	运载火箭制导故障（严酷度为Ⅱ类的故障）
LV1M4	运载火箭空中解体（严酷度为Ⅱ类的故障）
LV1M5	助推器分离失败（严酷度为Ⅱ类的故障）
LV1M6	整流罩分离失败（严酷度为Ⅱ类的故障）
LV1M7	一、二级分离失败（严酷度为Ⅱ类的故障）
LV1M8	有效载荷分离失败（严酷度为Ⅱ类的故障）
LV1M9	未入轨或入轨精度超差（严酷度为Ⅱ类的故障）
LV1M10	形成空间碎片（严酷度为Ⅱ类的故障）

表8—3　“故障原因”元素的名称和编码

元素编码	元素名称
LV1Y1	动力系统故障
LV1Y2	控制系统故障
LV1Y3	箭体结构系统故障
LV1Y4	分离系统故障
LV1Y5	未采取碎片减缓措施

8.3.2.2　确定输入因素的权重

应用 AHP 层次单排序法确定“故障模式”（LV1M）各元素的权重 W，结果如表 8－4 所示。

表 8－4　“故障模式”各元素的权重

M	M_1	M_2	M_3	M_4	M_5	M_6	M_7	M_8	M_9	M_{10}	W
M_1		1	1	3	3	3	3	3	5	7	0.194
M_2			1	3	3	3	3	3	5	7	0.194
M_3				3	3	3	3	3	5	7	0.194
M_4					1	1	1	1	3	5	0.074
M_5						1	1	1	3	5	0.074
M_6							1	1	3	5	0.074
M_7								1	3	5	0.074
M_8									3	5	0.074
M_9										3	0.031
M_{10}											0.018

$CR=0.013<0.1$，满足一致性要求。

8.3.2.3　输入因素与输出因素的相关分析

应用 AHP 层次总排序法，对输入因素“故障模式”（LV1M）的各元素和输出因素“故障原因”（LV1Y）的各元素进行相关分析，即对输入因素而言，输出因素的各元素进行层次单排序分析。在此基础上，形成对“故障原因”（LV1Y）因素的总排序，如表 8－5 所示。

表 8—5　对“故障原因”因素各元素的层次总排序

M	W_M	Y_1	Y_2	Y_3	Y_4	Y_5
M_1	0.194	0.750	0.250	0	0	0
M_2	0.194	0.577	1.732	0	0	0
M_3	0.194	0	1.000	0	0	0
M_4	0.074	0	0	1.000	0	0
M_5	0.074	0.105	0.258	0	0.637	0
M_6	0.074	0.250	0.750	0	0	0
M_7	0.074	0.105	0.258	0	0.637	0
M_8	0.074	0.105	0.258	0	0.637	0
M_9	0.031	0.250	0.750	0	0	0
M_{10}	0.018	0	0	0	0	1
W_Y		0.245	0.570	0.058	0.113	0.014

对层次总排序进行一致性检验，如表 8—6 所示。

表 8—6　对“故障原因”因素各元素层次总排序的一致性检验

j	k_j	CI_j	RI_j
1	0.194	0.000	0.00
2	0.194	0.000	0.00
3	0.194	0.000	0.00
4	0.074	0.000	0.00
5	0.074	0.020	0.58

续表

j	k_j	CI_j	RI_j
6	0.074	0.000	0.00
7	0.074	0.019	0.58
8	0.074	0.019	0.58
9	0.031	0.000	0.00
10	0.018	0.000	0.00

$$\mathrm{CI} = \sum_{i=1}^{m} k_i \mathrm{CI}_i = 0.004$$

$$\mathrm{RI} = \sum_{i=1}^{m} k_i \mathrm{RI}_i = 0.129$$

$$\mathrm{CR} = \frac{\mathrm{CI}}{\mathrm{RI}} = 0.034 < 0.1$$

满足一致性要求。

通过应用 AHP 层次总排序法，对“故障模式”和“故障原因”的相关分析，提出了可能导致 CZ—×运载火箭全箭故障模式的主要“故障原因”，并得知其各元素的相对重要度，其中最为重要的故障原因是控制系统故障（Y_2），其次是动力系统故障（Y_1），这是因为控制系统故障、动力系统故障不仅将会导致任务失败，而且还会危及首区安全。

8.3.3　全箭故障原因和建议措施的相关分析

8.3.3.1　确定输出因素

根据全箭 FMEA 表初步分析结果，确定全箭 FMEA 中建议措施分析屋输出因素“建议措施”（LV1S）的元素，如表 8—7 所示。

表8—7　“建议措施”元素的名称和编码

元素编码	元素名称
LV1S1	采用牵制释放机构
LV1S2	控制系统采用冗余技术
LV1S3	研制可靠动力系统
LV1S4	研制可靠箭体结构
LV1S5	采用成熟的助推器分离方案
LV1S6	采用成熟的整流罩分离方案
LV1S7	采用成熟的一、二级分离方案
LV1S8	采用成熟的有效载荷分离方案
LV1S9	采用空间碎片减缓方案

8.3.3.2　输入因素与输出因素的相关分析

应用AHP层次总排序法，对输入因素“故障原因”（LV1Y）的各元素和输出因素“建议措施”（LV1S）的各元素进行相关分析，即对输入因素而言，输出因素的各元素进行层次单排序分析，在此基础上，形成对“建议措施”（LV1S）因素的总排序，如表8—8所示。

表8—8　对“建议措施”因素各元素的层次总排序

Y	W_Y	S_1	S_2	S_3	S_4	S_5	S_6	S_7	S_8	S_9
Y_1	0.307	0.167	0	0.833	0	0	0	0	0	0
Y_2	0.714	0.125	0.875	0	0	0	0	0	0	0
Y_3	0.074	0	0	0	1.000	0	0	0	0	0

续表

Y	$\boldsymbol{W_Y}$	S_1	S_2	S_3	S_4	S_5	S_6	S_7	S_8	S_9
Y_4	0.141	0	0	0	0	0.523	0.254	0.167	0.056	0
Y_5	0.018	0	0	0	0	0	0	0	0	1.000
$\boldsymbol{W_S}$		0.142	0.404	0.131	0.11	0.045	0.048	0.045	0.046	0.029

对层次总排序进行一致性检验，如表 8—9 所示。

表 8—9　对“故障原因”因素各元素的层次总排序一致性检验

j	k_j	CI_j	RI_j
1	0.307	0.000	0.00
2	0.714	0.000	0.00
3	0.074	0.000	0.00
4	0.141	0.080	0.90
5	0.018	0.000	0.00

$$CI = \sum_{i=1}^{m} k_i CI_i = 0.011$$

$$RI = \sum_{i=1}^{m} k_i RI_i = 0.127$$

$$CR = \frac{CI}{RI} = 0.089 < 1$$

满足一致性要求。

通过应用 AHP 层次总排序法，对“故障原因”各元素和“建议措施”各元素的相关分析，针对故障因素明确了 9 项大的建议措施，并得知各项建议措施的相对重要度，其中最为重要的建议措施是控制系统采用冗余技术（S_2），其次是采用牵制释放机构（S_1）、研制可靠动力系统（S_3）、研制可靠箭体结构（S_4）。这一分析结果表明，研制 CZ－×运载火箭，在增加推力的同时，研制动力系统和箭体结构要满足更高的可靠性要求，同时还应采用成熟的分离方案，并考虑空间碎片减缓方案。

8.4　型号总体方案分析屋

8.4.1　总体方案分析屋的输入和输出因素

首先，将 CZ－×运载火箭全箭总体故障分析得出的“建议措施”反馈到针对任务目标的总体方案分析中，从而使总体方案中的不确定性因素更加确定。这样，满足任务目标的系统方案中的措施有 9 项是直接从任务目标分析得出，有 9 项是由故障分析得出（其中 2 项与直接从任务目标分析得出的相同），即共有 16 个元素。然后，再应用 AHP 层次总排序法对“任务目标”和“系统方案”这两个因素及其元素进行了系统展开和综合权衡，完善和优化了 CZ－×运载火箭总体方案。

CZ－×运载火箭总体方案分析屋的输入因素是“任务目标”（任务需求分析屋的输出因素），输出因素是“系统方案”（LV2D），其元素如表 8－10 所示。

表 8－10　CZ－×运载火箭“系统方案”各元素的名称和编码

元素编码	元素名称
LV2D1	采用一级半构型
LV2D2	芯级直径为×× m
LV2D3	芯级使用液氧/液氢推进剂
LV2D4	助推器直径为×× m
LV2D5	助推器使用液氧/煤油推进剂

续表

元素编码	元素名称
LV2D6	起飞质量不超过×× t
LV2D7	发射场选择在我国南部沿海
LV2D8	采用牵制释放机构
LV2D9	控制系统采用冗余技术
LV2D10	研制可靠动力系统
LV2D11	研制可靠箭体结构
LV2D12	采用成熟的助推器分离方案
LV2D13	采用成熟的整流罩分离方案
LV2D14	采用成熟的一、二级分离方案
LV2D15	采用成熟的有效载荷分离方案
LV2D16	采用空间碎片减缓方案

8.4.2 开展总体方案分析屋分析

应用AHP层次总排序法，对总体方案分析屋的输入因素“任务目标”（LV2C）和输出因素“系统方案”（LV2D）进行相关分析。在分别针对输入因素对输出因素的各元素层次单排序分析的基础上，形成对输出因素“系统方案”（LV2D）的总排序，如表8—11所示。

表 8—11 对“系统方案”因素各元素的层次总排序

C	W_C	D_1	D_2	D_3	D_4	D_5	D_6	D_7	D_8	D_9	D_{10}	D_{11}	D_{12}	D_{13}	D_{14}	D_{15}	D_{16}
C_1	0.305	0.048	0.265	0.122	0.283	0.122	0	0.161	0	0	0	0	0	0	0	0	0
C_2	0.173	0.048	0.265	0.122	0.283	0.122	0	0.161	0	0	0	0	0	0	0	0	0
C_3	0.168	0.043	0	0	0	0	0	0	0.029	0.233	0.233	0.034	0.102	0.102	0.102	0	0.019
C_4	0.069	0	0	0.750	0	0.250	0	0	0	0	0	0	0	0	0	0	0
C_5	0.072	0	0	0	0	0	0	0.441	0	0	0	0	0.166	0.166	0.062	0	0
C_6	0.023	0.086	0	0	0.214	0	0.107	0.592	0	0	0	0	0	0	0	0	0
C_7	0.062	0.052	0	0	0.384	0	0	0	0	0	0	0	0.141	0.141	0.141	0.048	0
C_8	0.052	0.105	0	0	0	0.258	0	0.637	0	0	0	0	0	0	0	0	0
C_9	0.034	0.063	0	0.	0.188	0	0	0	0	0	0	0	0.188	0.188	0.188	0.048	0
C_{10}	0.041	0.471	0.247	0.177	0.062	0.044	0	0	0	0	0	0	0	0	0	0	0
W_D		0.062	0.137	0.117	0.173	0.091	0.002	0.155	0.005	0.039	0.039	0.006	0.044	0.044	0.044	0.037	0.003

对层次总排序进行一致性检验，如表 8—12 所示。

表 8—12 对“系统方案”因素的层次总排序的一致性检验

j	k_j	CI_j	RI_j
1	0.305	0.028	1.24
2	0.173	0.028	1.24
3	0.168	0.060	1.49
4	0.069	0.000	0.00
5	0.072	0.010	1.12
6	0.023	0.083	0.90
7	0.062	0.008	1.24
8	0.052	0.019	0.58
9	0.034	0.000	1.24
10	0.041	0.071	1.12

$$\mathrm{CI} = \sum_{i=1}^{m} k_i \mathrm{CI}_i = 0.031$$

$$\mathrm{RI} = \sum_{i=1}^{m} k_i \mathrm{RI}_i = 1.140$$

$$\mathrm{CR} = \frac{\mathrm{CI}}{\mathrm{RI}} = 0.027 < 0.1$$

满足一致性要求。

通过应用 AHP 层次总排序法，对“任务目标”各元素和“系统方案”各元素进行相关分析，得知其各项系统方案的相对重要度，其中最为重要的几个元素是助推器直径为××m（D_4）、发射场选择在我国南部沿海（D_7）、芯级使用液氧/液氢推进剂（D_3）、助推器使用液氧/煤油推进剂（D_5）。虽然采用成熟的分离方案、采用冗余技术、研制可靠的动力系统和箭体结构这几个元素的分值不高，但是这些保证可靠性的元素分值加在一起却很高。这一分析结果表明，研制 CZ－×运载火箭，在采用新技术方案以增加推力最为重要，但同时，又必须采用成熟技术和冗余技术的方案以提高可靠性，并应关注空间碎片问题。

参考文献

[1] 李跃生．一种多维结构的质量功能展开技术分析模型——系统屋技术//第二届中国青年学术年会执行委员会．走向社会的软科学研究．北京：中国科学技术出版社，1995：180—185.

[2] 李跃生．QFD 与 FMECA 的结合性分析模型//中国宇航学会．中国宇航学会首届学术年会论文集．北京：中国宇航出版社，2005：331—332.

[3] 李跃生．房屋型 FMECA 模型//崔利荣，等．第四届国际质量与可靠性会议论文集．北京理工大学出版社，2005：347—354.

[4] 张晓东，等．质量机能展开——质量保证的系统方法．北京：中国计量出版社，1997.

[5] 邵家骏，韩之俊，等．健壮设计手册．北京：国防工业出版社，2002.

[6] 张公绪．质量专业工程师手册，北京：企业管理出版社，1994.

[7] 邵德生．FMECA 若干问题讨论//第八届全国可靠性物理学术讨论会论文集．[出版地不详]：[出版者不详]，1997.

[8] 熊伟．质量机能展开．北京：化学工业出版社，2005.

[9] 周海京，遇今．故障模式、影响及危害性分析与故障树分析．北京：航空工业出版社，2003.

[10] 康锐，石荣德．FMECA 技术及其应用．北京：国防工业出版社，2006.

[11] Stamatis D H. 故障模式影响分析 FMEA 从理论到实践．2 版．陈晓彤，姚绍华，译．北京：国防工业出版社，2005.

[12] 徐福祥．卫星工程．北京：中国宇航出版社，2002.

[13] 李福昌．运载火箭工程．北京：中国宇航出版社，2002.

[14] 薛成位．弹道导弹工程．北京：中国宇航出版社，2002.

[15] 黄瑞松．飞航导弹工程．北京：中国宇航出版社，2002.

[16] 金其明．防空导弹工程．北京：中国宇航出版社，2002.

[17] 中国汽车技术研究中心，中国汽车工业协会编著．GB/T18305—2003/ISO/TS169—49：2002 质量管理体系 汽车生产件及相关维修零件组织